"十二五"国家重点出版物出版规划项目
绿色交通、低碳物流及建筑节能技术研究

节水型社会建设研究

刘伊生　主编

U0248424

北京交通大学出版社

·北京·

内 容 简 介

本书在分析节水型社会的内涵、建设意义及建设现状的基础上，着重从节水型社会建设理论及法规政策、节水型社会建设监管体系、节水型社会建设技术支撑体系、水资源消耗计量及考核评价体系、节水型社会建设模式 5 个方面分析了现状及存在的问题，借鉴国内外先进经验提出了改进建议。

本书是"十二五"国家重点出版物出版规划项目"绿色交通、低碳物流及建筑节能技术研究"之一，既可供高等学校使用，又可供建筑节能行业及热心于节能技术事业的公司作为参考。

图书在版编目（CIP）数据

节水型社会建设研究／刘伊生主编. — 北京：北京交通大学出版社，2015.4
（绿色交通、低碳物流及建筑节能技术研究）
ISBN 978-7-5121-2222-2

Ⅰ. ① 节… Ⅱ. ① 刘… Ⅲ. ① 节约用水-研究-中国 Ⅳ. ① TU991.64

中国版本图书馆 CIP 数据核字（2015）第 057067 号

责任编辑：孙秀翠
出版发行：北京交通大学出版社　　　　　　电话：010-51686414
　　　　　北京市海淀区高梁桥斜街 44 号　　邮编：100044
印　刷　者：北京瑞达方舟印务有限公司
经　　销：全国新华书店
开　　本：185×230　印张：11.5　字数：255 千字
版　　次：2015 年 4 月第 1 版　　2015 年 4 月第 1 次印刷
书　　号：ISBN 978-7-5121-2222-2/TU·142
印　　数：1～1 000 册　　定价：35.00 元

本书如有质量问题，请向北京交通大学出版社质监组反映。对您的意见和批评，我们表示欢迎和感谢。
投诉电话：010-51686043，51686008；传真：010-62225406；E-mail：press@bjtu.edu.cn。

绿色交通、低碳物流及建筑节能技术研究
编委会名单

前　言

　　节水型社会体现了人类社会发展的现代理念，代表着高度的社会文明。我国人均水资源量少，水资源短缺矛盾日益突出，加之水环境污染和水生态的进一步恶化，水资源问题已成为阻碍我国经济社会发展的重要问题。因此，研究节水型社会建设具有重要的战略意义和现实意义。

　　本书在分析节水型社会的内涵、建设意义及建设现状的基础上，着重从节水型社会建设理论及法规政策、节水型社会建设监管体系、节水型社会建设技术支撑体系、水资源消耗计量及考核评价体系、节水型社会建设模式5个方面分析了现状及存在的问题，借鉴国内外先进经验提出了改进建议。

　　本书由刘伊生主编，参编人员有：陈晓燕、戴建武、鲍利佳、高豪杰、廖雅双、陈雪尔、王昕。

　　由于编者水平及经验所限，书中缺点和谬误在所难免，敬请大家批评指正。

　　本书编写过程中参考了大量文献资料，在此衷心感谢文献作者。

编　者

2015 年 3 月

目　　录

第 1 章

绪　　论

水是生命之源、生产之要、生态之基，水资源是基础性自然资源和战略性经济资源，在国民经济和国家安全中具有重要战略地位。然而，地球上的水资源是有限的，可人类对其需求却是无限的。为了达到水资源供给有限与需求无限之间的平衡，实现人类社会可持续发展，世界各国提出了节水型社会建设这一课题。我国自 1959 年首次提出了城市节水概念，之后，陆续提出了"节水型农业""节水型工业""节水型社会"等概念，并于 2002 年 3 月在甘肃省张掖市开展了我国第一个节水型社会建设试点，将理论运用于实践，开启了节水型社会建设的序幕。时至今日，我国节水型社会建设取得了一定成绩，但仍有许多地方需要进一步改进和完善。

1.1　节水型社会的内涵及建设意义

1.1.1　节水型社会的内涵和特征

1. 节水型社会的基本内涵

节水型社会是指水资源集约高效利用、经济社会快速发展、人与自然和谐相处的社会，其根本标志是人与自然和谐相处。节水型社会体现了人类社会发展的现代理念，代表着高度的社会文明。

节水型社会以提高水资源的利用效率和效益为中心，在全社会建立起节水的管理体制和以经济手段为主的节水运行机制，在水资源开发利用的各个环节上，实现对水资源的配置、节约和保护，最终实现以水资源的可持续利用支持社会经济的可持续发展。节水型社会主要包括以下相互联系的 4 个方面。

① 从水资源的开发利用方式视角，节水型社会是将水资源的粗放式开发利用转变为集约型、效益型开发利用。节水型社会是一种资源消耗低、利用效率高的社会运行状态。

② 从管理体制和运行机制视角，节水型社会涵盖明晰水权、统一管理，建立政府宏观调控、流域民主协商、准市场运作和用水户参与管理的运行模式。

③ 从社会产业结构转型视角，节水型社会是由一系列相关社会产业组成，涉及节水型

农业、节水型工业、节水型城市、节水型服务业等具体内容。

④ 从社会组织单位视角，节水型社会是由社会基本单位组成的社会网络体系，涵盖节水型家庭、节水型社区、节水型企业、节水型灌区、节水型城市等组织单位。

2. 节水型社会的核心

节水型社会的核心是建立以水权、水市场理论为基础的水资源管理体制，形成以经济手段为主的节水机制，建立起自律式发展的节水模式，不断提高水资源的利用效率和效益，促进经济、资源、环境协调发展。

节水型社会与通常讲的节水，既互相联系又有很大区别。无论是传统的节水，还是节水型社会建设，都是为了提高水资源的利用效率和效益，这是其共同点。但对于传统的节水，侧重于节水工程、设施、器具和技术等措施，侧重于通过行政手段来推动节水生产力的发展。而节水型社会建设则主要通过制度建设，注重对生产关系的变革，形成以经济手段为主的节水机制。通过生产关系的变革，进一步推动经济增长方式转变，推动整个社会走资源节约、环境友好的道路。

节水型社会建设要解决的是全社会的节水动力和节水机制问题。一个人做某件事情要有动力，一个社会做某件事情也要有动力。动力来自两个方面：一是靠社会成员内心的自觉，靠道德和良知的引导；一是靠外界的约束和激励，靠压力和推力，并将这种约束、压力和推力转化为自觉行为。进行节水型社会建设，要进行宣传教育，使全社会都能了解我国的基本水情，了解我国水资源短缺的严峻形势，从而增强节水意识，自觉节水。但最根本的还是要建立一整套制度，通过市场机制，使得各行各业、社会每一个成员受到普遍约束，需要去节水；通过制度创新，使得全社会能够获得制度收益，愿意去节水，使节水成为用水户自觉、自发的长效行为，而不是仅靠行政推动的权宜之计。

3. 节水型社会的主要特征

节水型社会是一个公众具有自觉节水意识，并形成完备有效的节水制度和政策法规体系保障，水资源宏观配置与微观利用高效，各行业用水和水生态环境安全的现代文明社会。节水型社会不是节水和社会的简单叠加，而是节水与社会效应的复合。节水型社会作为先进文明的社会形态，具有以下主要特征。

（1）高效

节水型社会在数量维度的基本特征是高效，包括单位产品生产所需的取耗水量低（水资源利用效率高），以及单位耗水量的经济价值量和生态服务功能产出量大（水资源利用效益高）。高效用水一般包括宏观和微观两个方面：宏观配水高效，是指在保障社会公平的前提下，尽量向低耗水、高产出部门配水，从而通过经济结构调整和提高部门用水保证率来实现高效利用、优水优用、水源配置高效等；微观供用水高效，是指减少供水过程消耗，使得供水高效以及农业、工业、生活和生态用水高效。水资源利用的高效性应当体现在经济高效、生态高效、社会高效3个方面。经济高效性是将水资源作为一种社会经济产品引入市场因素为主要目的，对其进行优化配置，实现低投入、高产出。生态高效性是水资源利用的更高要求，使得水资源可以得到充分循环利用，减少浪费和不合理使用。社会高效性是水资源利用的综合效用的有力支持和最终体现，即通过制度和体制的建立，实现全社会水资源利用效率的最优化，提高节水型社会建设效益。

（2）和谐

节水型社会在质量维度的基本特征是和谐，包括整体上的水安全（供水安全、水生态与环境安全），以及局部水资源配置的合理性。安全用水是保证社会安定、经济稳步发展的关键基础，必须予以保证。水资源安全是节水型社会建设的基本原则。水资源安全主要包括以下3个方面。

① 自然属性的水资源安全。主要是指在预防和排除干旱、洪涝等方面的水安全，这是指水资源数量视角的水安全。

② 社会属性的水资源安全。主要是指避免"自然-人工"的二元水循环模式对水资源安全产生的影响，包括水量短缺、水质污染、水环境破坏、水生态系统功能丧失、水资源浪费、水管理混乱等。要在水资源自然条件基础上，利用工程和非工程手段，提高供水保证率，最大限度地保障社会经济用水安全，特别是在突发水事件中，确保人饮安全；严格控制污水排放量，区域水质符合水功能区划标准，保护水体的良好自净能力；基于区域区位特点和水生态要求，适度保证河道内外生态用水量，保障其他物种的生存，创造宜居生态环境。

③ 附加属性的水资源安全。主要是指基于水资源安全的粮食安全、经济安全、国家稳定等。

（3）可持续

节水型社会在时间维度的基本特征是可持续，包括自然状态延续的可持续和社会状态运行的可持续，前者主要强调遵循自然规律，后者主要强调社会运行机制建设和社会道德、文化意识的培育。

1.1.2 节水型社会的建设意义

我国人均水资源量少，仅为世界人均水平的1/4。随着经济发展和居民生活水平的不断提高，农业、工业、服务业等的需水量不断上升，水资源短缺矛盾日益突出，再加上水环境污染和水生态的进一步恶化，水资源问题已成为阻碍我国经济社会发展的重要问题，建设节水型社会是解决我国水资源问题最根本、最有效的战略举措，具有重要的战略意义和现实意义。

1. 建设节水型社会，有利于化解水资源危机

全世界的淡水资源仅占总水量的2.5%，而在这极少的淡水资源中，又有70%以上被冻结在南极和北极的冰盖中，加上难以利用的高山冰川和永冻积雪，有87%的淡水资源难以利用。人类真正能够利用的淡水资源是江河湖泊和地下水中的一部分，约占地球总水量的0.26%。早在1972年，联合国第一次环境与发展大会就指出："石油危机之后，下一个危机是水。"1977年联合国大会进一步强调："水，不久将成为一个深刻的社会危机。"1997年，联合国再次呼吁:"目前地区性水危机可能预示着全球危机的到来。"

我国是一个干旱缺水严重的国家。淡水资源总量为 28 000 亿 m³,占全球水资源的 6%,仅次于巴西、俄罗斯和加拿大,居世界第四位,但人均只有 2 300 m³,仅为世界平均水平的 1/4、美国的 1/5,在世界上名列 110 位,是全球人均水资源最贫乏的国家之一,扣除难以利用的洪水径流和散布在偏远地区的地下水资源,现实可利用的淡水资源量则更少,仅为 11 000 亿 m³ 左右,人均可利用水资源量约为 900 m³,并且分布极不均衡,严峻的水资源危机已成为制约我国经济社会发展的重要瓶颈。

建设节水型社会是化解我国水资源危机的必由之路。有专家认为,我国建设节水型社会,其意义不亚于三峡工程、南水北调工程。建设节水型社会,有利于加强水资源的统一管理,通过优化水资源配置,调整产业结构布局,减少取用水过程中水的损失、消耗,抑制用水量的过快增长,提高水资源的利用效率和效益,从而切实解决水资源短缺的矛盾,化解水资源危机。

2. 建设节水型社会,有利于维护社会稳定

水资源危机既阻碍世界可持续发展,也威胁着世界和平。水资源之争已成为地区或全球性冲突的潜在根源和战争爆发的导火索。世界上最早争夺水源的战争可追溯到 4500 年前,位于今天伊拉克南部的美索布达米亚平原上的两座古城,为了争夺对幼发拉底河和底格里斯河的控制权而互相宣战。

为争夺水资源,许多国家将目光集中到跨国水域和地下水源上。目前,全世界有一半的人口生活在与邻国分享河流和湖泊水系的国家。地球上有 214 个河流和湖泊水系跨越一个或若干条国界,其中有 148 个水系经两个沿岸国家或地区,由于水资源供应和分配不均匀,已有大大小小 140 个地区出现了紧张局势。

在南亚、中亚、中东地区,由水引起的冲突从古至今不断,并愈演愈烈。亚洲的巴基斯坦和印度因萨特莱杰河流的水域问题发生争执;非洲的埃及、苏丹和埃塞俄比亚在尼罗河水的分配问题上互不相让;利比亚想从与埃塞俄比亚共有的努比亚沙石水层中取水,埃及认为这是一种"偷窃",会对其地下水资源造成破坏;埃塞俄比亚内陆没有河流,欲从苏丹和埃及开凿一条运河发展农业,但视水如命的周边国家坚决不答应;中东的幼发拉底河沿岸国家在上游修坝数十座,使下游河水减少而引发了土耳其、叙利亚等国间的分歧。

随着水资源的日益短缺,可以预见,今后会有许多国家和地区将为水而战。一直以来,我国都在走和平发展的道路,在水资源短缺的紧张局势下,建设节水型社会是和平发展的一项重要战略举措。建设节水型社会,有利于加强对全社会水资源的统一管理,通过建立用水定额等制度减少用水需求,保障水资源的长期有效供给,实现水资源的可持续利用;建设节水型社会,有利于建立公平有效的水资源分配协调机制,调整地区间用水差异,避免用水不公及其他与用水相关的社会问题,为维护国家安全和社会稳定,构建社会主义和谐社会增加积极因素。

3. 建设节水型社会，有利于转变经济发展方式

20世纪90年代发生的国际产业转移使我国成为全球制造基地，富士康等代工企业迅速发展壮大，提供了大量稳定的就业机会，也拉动了 GDP 持续增长，增加了地方政府税收，但也对资源和环境造成巨大伤害。一方面，我国依靠廉价劳动力投入、大量资源消耗和大规模投资的优势，纺织、食品加工等劳动密集型产业及钢铁、化工冶炼等高耗能产业高速发展，创造了经济增长第一的神话，中国也顺利成为全球第二大经济体。另一方面，在经济增长第一的光环笼罩下，却是能源消费第一和水污染排放第一的现实。工业是水资源污染的罪魁祸首。数据显示，造成水污染的 60%～80% 污染源都是工业废水，远远超过了农业污染源和生活污染源。其中，尤以劳动密集型产业和高耗能产业最甚。

虽然工业会带来环境问题，但我国经济的增长无法离开工业的支持。这也是我国政府一直以来面临的发展与环境之间的矛盾。此外，我国正加快推进城镇化建设，城镇化带来的一系列就业问题和市场问题不可能只靠服务业，工业化需要与城镇化并举。目前来说，我们需要工业化来供养全国，这是平衡供需和调结构、稳增长的内在要求，然而环境保护又需要去工业化。因此，如何平衡经济发展与环境保护成为摆在我们面前的重要课题。

建设节水型社会是统筹经济发展与水资源环境保护的一个平衡点，通过节水型社会建设，可将节水工作贯穿于国民经济全过程，推进产业结构的优化升级，促进经济发展过程中水资源的集约、节约利用，提高水资源的利用效率和效益，减轻对水环境的污染，统筹协调人与自然的和谐发展，处理好经济建设、人口增长、社会发展与水资源合理利用、生态环境保护的关系，推动整个社会走上生产持续发展、生活富裕、生态环境良好和水资源高效利用的文明发展道路。

4. 建设节水型社会，有利于生态文明建设

2013年8月2日，环境保护部公布了2013年上半年中国环境质量状况，报告显示，2013年上半年我国地表水总体为轻度污染，渤海湾、长江口、杭州湾、闽江口和珠江口等5个重要海湾水质极差。此外，国土资源部公报显示，作为我国居民生活用水主要来源的地下水，约90%的地下水正在遭受不同程度的污染，约60%的地下水监测点属于水质较差和极差。

日趋严重的水污染不仅降低了水体的使用功能，进一步加剧了水资源短缺的矛盾，对我国正在实施的可持续发展战略带来了严重影响，而且还严重威胁到城市居民的饮水安全和人民群众的健康。建设节水型社会，有利于形成全社会节水、全社会治污的局面，减少对有限水资源的污染甚至使水资源不受污染，保障供水安全，促进水生态和水环境的改善，为生态文明建设注入活力。

5. 建设节水型社会，有利于社会可持续发展

节水型社会是以较少的水资源消耗支撑全社会较高福利水平和良好生态环境的社会发展模式。节水型社会建设就是建立起与水资源承载能力相和谐的经济结构与产业布局、与水资源合理配置相匹配的水工程体系、与水资源稀缺性相适应的水价形成机制、与现代消费方式

相协调的用水方式。建设节水型社会，有利于解决当前我国水资源利用整体效率偏低、水资源利用方式粗放，以及在生产用水和生活用水方面存在严重的结构型、生产型和消费型浪费等问题，有利于解决未来经济社会发展对水资源的需求问题，实现水资源的可持续利用和经济社会的可持续发展。

1.2 节水型社会建设现状

1.2.1 节水型社会建设发展历程及成效

1. 我国节水型社会建设发展历程

建设节水型社会是水资源可持续利用的根本措施，是一项复杂的系统工程，也是一场深刻的社会变革。

节水型社会由节约用水观念延伸而来。早在 1959 年，国家建委在《关于加强城市节约用水的通知》中，首次提出了我国城市节水的方针、政策和办法，根据当时的水资源供需状况，节约用水一般只限于城市和工业领域中。改革开放前，节水概念更多是指节水的习惯和工业生产及生活中的一些具体节水手段。改革开放初期的整个 80 年代，由于水资源供需出现了紧张局势，特别是农业缺水非常突出，于是提出了"节水农业"、"节水型农业"，后来又提出了"节水型工业"的概念。20 世纪 80 年代末 90 年代初，在"节水型农业"的概念基础上进一步发展，提出了较模糊的"节水型社会"的概念，直到 20 世纪 90 年代，节水型社会的含义才逐渐明晰并最终成为党和国家的方针政策。

1993 年，国务院第七次常务会议审议通过的《九十年代中国农业发展纲要》提出，"要根据各地的不同情况，大力推广节水灌溉技术，发展节水型农业"；1998 年，中国共产党十五届三中全会通过的《中共中央关于农业和农村工作若干重大问题的决定》，第一次明确节水是一项"革命性措施"，提出"制定促进节水的政策，大力发展节水农业，大幅度提高水的利用率"；2000 年，中国共产党十五届五中全会通过的《中共中央关于制定国民经济和社会发展第十个五年计划的建议》提出，"大力推行节约用水措施，发展节水型农业、工业和服务业，建立节水型社会"；2001 年，全国九届人大四次会议《关于国民经济和社会发展第十个五年计划纲要的报告》中提出，"要把节水放在突出位置，建立合理的水资源管理体制和水价形成机制，全面推行各种节水技术和措施，发展节水型产业，建立节水型社会"，首次将"建立节水型社会"作为政府工作目标；2002 年，新颁布的《水法》中明确规定，"国家厉行节约用水，大力推广节约用水措施，推广节约用水新技术、新工艺，发展节水型工业、农业和服务业，建立节水型社会。"至此，"节水型社会"的含义在法律得到确立。

2002 年 3 月，水利部决定在甘肃省张掖市开展我国第一个节水型社会建设试点，从而将理论运用于实践，后又将四川省绵阳市和辽宁省大连市作为节水型社会建设的试点，构成了我国首批节水型社会建设试点区，积累了在水资源分布不同地区开展节水工作的经验。

2006 年 12 月，国家发展和改革委员会、水利部、建设部联合发布《节水型社会建设"十一五"规划》，标志着我国节水型社会建设工作在试点经验的基础上，开始向全社会全面推进，也标志着节水型社会建设工作实现了由水利行业推动到全社会建设的跨越。

2. 我国节水型社会建设成效

通过多年努力，我国节水型社会建设取得成效显著，主要表现在以下几个方面。

1）体制方面

（1）改革了水资源管理体制

节水型社会建设的核心是制度建设，前提是水资源统一管理。节水型社会建设前，我国水资源及节水工作尚没有实现统一管理。水资源管理、防洪、城镇供水、排水、污水处理、中水回用、水环境管理等管理职能由不同部门来行使，各部门之间存在职能交叉，缺乏必要的协调机制。节水型社会建设过程中完善了水资源统一管理体制，分离了政府公共管理和经营管理职能；强化了水资源管理和水环境管理的协调；强化了水政主管部门的节水管理职能，并建立了统一的节水机构，加强了节约用水管理工作。

（2）建立健全了水管理制度

我国在节水型社会建立的过程中，建立健全了水管理制度。主要表现为：建立健全了用水总量控制和定额管理制度；完善了取水许可制度和水资源有偿使用制度；全面推行水资源论证制度和用水、节水评估制度，继续推行建设项目水资源论证制度和用水、节水评估制度；加强了入河排污口管理，建立了排污许可制度和污染付费制度；建立了节水产品认证和市场准入制度；完善了用水计量与统计制度；建立了用水审计制度。

（3）完善了水资源信息管理制度

建立了水资源管理信息系统，从而可以准确、及时开展水资源评价和研究，强化水资源管理和严格征收水资源费，支持生态建设与环境保护，保障区域经济社会可持续发展。相关部门对重要的排污口进行了实时监控，保证水质达标排放；建立了排污口管理系统，实现排污口管理的信息化；建立了用水指标交易信息管理系统，对用水指标交易进行动态管理，促进了水市场的良性运行。

2）机制方面

（1）建立健全了科学的水价制度

建立健全了科学的水价制度，使之充分体现水资源短缺的现状，以及不同水源条件、不同用途的水价比价关系，并对城市绿化、市政设施、消防等公共设施用水实行了计量计价制度；调整了水价水平，确定了合理的比价关系，扩大水资源费征收范围并适当提高征收标准；实行了阶梯式水价，继续推行超计划、超定额加价收费；制定了科学的水价管理制度，提高水价管理能力；建立健全了定价管理制度、水费计收制度及水价监督制度。

（2）建立了以水权交易为核心的市场机制

在对水资源进行科学考察和调查评价的基础上，结合计划用水管理经验，统筹供给与需求关系，对可供水量在水资源基本需求（生活）、生态和环境需求、经济需求间进行了科学、合理配置。实现基本用水需求由政府保障，通过行政措施解决；生态和环境用水需求由政府负责提供；农业用水、工业用水等经济用水，通过初始水权（使用权）配置、市场转让等形式合理配置。在计划用水管理的基础上，建立了用水指标交易制度。制定了用水指标转让规则，调整了城市供水价格体系，建立了合理的水价体系。

（3）营造了有效的公众参与机制

建立了公民充分参与的机制，注重鼓励用水者组织（特别是非政府组织）充分参与用水权、水量的分配、管理和监督，以及水价的制定和实施。充分调动广大用水户参与水资源管理的积极性，促进节水的社会化。提高了政策制定过程的开放度和信息透明度，并建立了多部门协作制度、咨询制度、水价听证制度，用水、节水和水交易信息公布制度、群众有奖举报制度（举报违章浪费用水、窃水，反映用水跑、冒、滴、漏现象），以及其他充分体现公众知情权、参与决策权、监督权、舆论权的制度，还建立了公众参与有效性保障制度，以及强制性的信息披露制度，及时、准确和全面地向全社会发布各种用水信息。

3）文化方面

（1）提高了全民节水意识

节水型社会的建设唤起了全民对节约用水、珍惜水资源的意识，将节水实践变成了全社会每个成员的实际行动。通过普及节水知识，使公众更多地了解水是一种稀缺资源，具有商品属性，逐步树立起商品水的观念，让人们认识到用水要付费，并逐步提高对水价调整的心理承受能力。利用经济手段使公众自觉、自愿进行节水。强化了节水管理机构能力建设，提高了队伍素质和管理水平。加强对节水管理和用水单位管理人员的业务培训，全面增强节水管理能力和技术水平。

（2）培育了节水文化

通过广泛的宣传和教育，提高了公众节水意识，增加了公众节水知识，使全社会转变了用水和节水观念，树立了节水型社会的新型价值观，普遍接受、理解和积极参与节水型社会建设，使节水成为全社会的自觉行为。坚持节水教育与制度约束相结合，将节约用水纳入基础教育，从小培养节约用水的意识，使全体公民树立起水的忧患意识和节水意识。坚持依法管水与以德节水相结合，建设特色的节水文化，形成了"节水光荣"的社会舆论氛围，树立了自觉节水的社会风尚。

4）技术措施方面

（1）农业节水

农业是主要的用水对象，农业节水包含农业灌溉节水和作物生理节水两方面。现代农业节水技术在传统节水技术的基础上，以高产、优质、高效、安全、改善生态环境和可持续发展为目标，通过应用现代生物、现代信息技术和新材料等技术，大幅度地提升农业节水水平和科学技术水平，促进农业节水技术向着定量化、规范化、模式化、集成化和高效持续的方向发展，形成具有国际竞争能力的农业节水高科技产业，实现节水高效农业的跨越式发展。

农业节水灌溉技术措施是一个综合体系，可归纳为以下几类。

① 水资源合理开发利用：引水、蓄水、提水及大、中、小型蓄水工程的互补与联合运用；井渠结合地区地表水、地下水的互补与联合运用；灌溉回归水利用、劣质水利用、雨水集流和蓄水灌溉等。

② 输水过程的节水：渠道防渗、管道输水等。

③ 田间灌溉节水：旱作物先进的地面灌溉技术、膜上灌溉、抗旱点浇、喷灌、微灌和水稻田间节水灌溉模式等。

④ 合理的、先进的灌溉制度与水量调配：降低作物棵间蒸发、避免蒸腾量、提高降雨利用率的节水高产灌溉制度，以及不同水源条件下的作物优化灌溉制度；土壤墒情与渠系水量的量测、监控、预报及其自动化；渠系水量优化调配等。

⑤ 节水高产农业技术：耕作保墒、覆盖保墒、化学制剂保墒，以及品种与种植结构的优化配置等。

（2）工业节水

我国工业节水采取工程措施与非工程措施，抑制工业用水量需求的过快增长。通过加强工业用水的节水管理和依靠科技进步，推进节约用水。工业节水取得的成效如下。

① 加强工业用水的节水管理工作，主要包括以下内容：积极做好节水宣传教育工作，充分利用各种宣传工具在规模以下工业企业中广泛宣传节水的意义、节水的有关法律法规；加强水资源费和水费征收工作；重视用水调查和用水统计工作；加强和督促安装水表计量用水；加大规模以下工业节水的投资力度；节水工程建设与主体工程建设实行同时设计、同时施工和同时投入使用；实行工业用水定额考核，节奖超罚；加强工业节水相关学科的研究，积极开展有关工业节水的技术攻关、节水新工艺、新技术、新材料的研究与交流；严格限制高耗水、高污染企业的发展；加强工业节水执法力度，确保节水法规落到实处。

② 依靠科技进步推进节约用水。主要有：积极推广冷却水循环使用技术，提高冷却水利用效率；加大工艺和设备的改造力度，进一步改造落后的工艺和设备，积极推广和引进节水型工艺和设备，在有条件的工业企业考虑采用无水生产工艺；加强锅炉和工艺水的回收和综合利用，可以做到既节能节水又减轻对环境的污染；提倡清洁生产技术，在工业用水过程中尽量减少对水的污染，对必要的洗涤用水做到就地处理，使污水不出门，污染不扩散；大力研制并积极推广节水型器具，淘汰易漏损的用水器具，推进工业节水。

（3）城市节水与污水利用

在城市节水方面：增强了社会节水意识，以城市节水型社会建设水资源可持续利用来支撑经济社会可持续发展；改革城市水资源管理方式，实现政府管水宏观化。通过这种水资源管理方式，使水资源的所有权和初始水权的赋予权由各级政府控制，水资源总体规划遵循自上而下，左右衔接、流域与区域相结合的原则，使之具有科学性和权威性；改革水资源管理制度，实现水资源管理法制化；改革水资源管理职能，实行涉水事务管理一体化；改革水资源管理手段，实现水资源管理手段现代化，明晰了水资源现代化管理理念。

在城市污水利用方面：污水再用于工业，用作直流冷却水或循环冷却水，也可作不同用途的工艺用水；污水再用于市政，如浇洒道路、灌溉耕地、冲洗车辆、建筑施工、冲洗厕所、市政景观等；污水再用于农业，如灌溉农田、树林、牧场等。

　　5）法制及标准方面

　　逐步修订完善《水法》、《取水许可和水资源费征收管理条例》等法规政策，为节水型社会建设提供了法制保障。同时，农业、工业和城市节水技术标准体系得到完善，发布实施了火力发电、石油石化、钢铁、纺织、造纸、化工、食品等高用水行业的取水定额国家标准。此外，先后确立多个国家和省级节水型社会建设试点，重点推动了河西走廊、东部沿海、南方水污染严重地区和南水北调东中线受水区节水型社会建设试点。

1.2.2　节水型社会建设中存在的主要问题

　　尽管我国节水型社会建设取得了一定成效，但仍有诸多问题需要改进和完善。

1. 全社会节水意识有待增强

　　我国总体水资源比较丰富，位于世界第六位，但我国人口众多，水资源地区分布差异又非常大，人均占有的水资源非常少，已被联合国列为世界 13 个贫水国家之一。然而，一些地区和民众对我国水资源面临的严峻形势认识还不够充分，水忧患意识比较淡薄。我国虽已制订节水型社会建设规划，并且明确了节水型社会建设要实现的主要指标，但有些地区尚未将节水型社会建设纳入本地区经济社会发展规划去实施。节水工作不到位、投入不落实、措施不得力，造成节水工作处于被动局面。此外，节约用水宣传和社会监督力度还不够，未能充分发挥广大公众的主动性、积极性和首创精神，节约用水尚未形成一个良好的社会氛围，全民节水意识有待进一步加强。

2. 促进节水的法律法规及标准体系不够健全

　　在我国，目前只有少数一些省（区、市）出台了地方性节水管理办法，而全国性节水管理条例尚未出台，难以有效规范和监督管理经济社会用水活动；取水、用水和排水计量及检测设施尚不健全，节水的执法监督检查环节还很薄弱；我国大部分江河尚未建立以流域为单位的用水总量控制指标和省区水量分配方案，难以控制超用紧缺水资源的问题；各类用水技术标准体系在我国尚未统一，缺乏严格的用水管理制度；没有制定完备的污废水排放管理制度，更加缺乏监督约束机制。

3. 促进水资源高效利用的激励机制不够完善

　　我国水资源有偿使用制度体系尚不健全，尚未建成科学统一的水资源价值核算体系，市场在水资源配置中的决定性作用尚未得到充分发挥，无偿使用水资源、浪费水资源现象在一些地方非常严重；合理的水价形成机制尚未成型，在一些地区供水价和再生水价严重背离价值趋向，难以起到调节用水行为的目的；水资源开发利用主体缺乏节约、保护资源的内在动力和激励机制，从而造成水资源缺乏的同时又有大量水资源被白白浪费的怪现象。

4. 经济结构和产业布局中水资源承载力考虑不够

　　有些地区在发展经济时一味追求 GDP 增长，没有慎重考虑水资源承载力这一制约经济发展的重要因素。产业布局和城市发展与水资源、环境承载力不相协调，特别是在一些水资源缺乏和生态环境脆弱地区，盲目实施高耗水、重污染项目，与客观自然条件背道而驰。"高消耗、高污染、低效率、低产出"为特征的粗放式经济发展模式必然会引起生态环境的严重破坏，最终影响人类自身的生存环境，已不适应我国长远的经济发展战略。

5. 节水设施建设和技术研发及推广力度不够

我国大部分地区水资源开发利用的基础设施不够先进，特别是农业用水设施，表现在建设标准较低、配套不完善，加之维修更新不及时，从而造成设施老化失修、利用效益低下，难以满足水资源高效利用的新要求。政府倡导的节水扶持政策不到位，水价偏低，开发难度大，资金投入不足，使得节水设备和新技术研发及推广缺乏有效的内部动力；我国节水技术创新能力比较薄弱，而且缺乏经济实用和自主知识产权的节水关键技术，从而大大影响了节水器具推广使用的步伐。

6. 政府、企业、社会对节约用水投入的资金不足

节水型社会建设是一项庞大而复杂的宏伟工程，其顺利实施和推进离不开大量资金的支持。目前，无论是政府还是企业、社会，投入到节水型社会建设的资金是十分有限的，制约着节水技术创新、研发新的节水设备和工具的步伐，从而造成恶性循环，工业中水循环再利用率远远低于发达国家水平，农业生产中依然运用着漫灌，城市生活用水的跑、冒、滴、漏现象随处可见，原本可以节约下来的水资源被浪费掉。政府、企业、社会只有真正意识到保护和节约水资源的重要性，在投入资金上加以倾斜，确保节水资金足额按时到位，节水型社会建设才不会受到资金缺乏的困扰。

7. 缺乏科学合理的建设绩效考核体系

当前，我国首批节水型社会建设试点面临验收的迫切任务。如何科学、合理地对节水型社会的建设绩效进行评价，是当前节水型社会建设迫切需要解决的问题，也是节水型社会建设有效实施的基本保证。目前，对于节水型社会建设规划评价内容存在的主要问题有以下几个方面。

① 过分关注于水循环末端的用水效率状况，尚不能从水循环角度对水的利用效率进行全面、科学定量评估。

② 有些指标的选取缺乏合理性，如城镇人均日生活用水量的高低还受到收入水平的影响，不是一个纯粹的效率指标；工业产品用水定额与重复水利用率、农业灌溉用水定额与灌溉水利用系数等之间存在一定的重复。

③ 指标涵盖的内容尚不全面，如在水环境污染防治与水生态保护方面，没有涉及农业面源污染、工业废水处理等方面，对于核心的制度建设评价也相对薄弱。

总之，这些指标与节水型社会建设的目标有一定差距，评价的系统性和针对性有待提高。

第 2 章

节水型社会建设理论及法规政策

节水型社会建设是我国建设环境友好型、资源环境型社会的重要组成部分，也是我国建设和谐社会、实现可持续发展战略的必然要求。建设节水型社会，不仅需要技术支撑，同时也需要理论指导和法规政策保障。

2.1　节水型社会建设的基础理论

节水型社会建设是建立在一系列理论基础上的产物。其中，水权、水市场理论指导建立水权制度，培育和发展水市场；水资源承载力理论、水环境承载力理论的有效性规律和资源可持续利用法则，则会指导各地区、各行业、各部门、各单位水资源宏观控制指标和微观定额指标的明确，加强和重视对水资源的配置、节约和保护；水循环理论、可持续发展理论将会激励全社会共同行动，提高公众的节水意识和水道德意识，实现水的循环利用。

2.1.1　水权理论

1. 水权的基本内涵

水权，亦称水资源产权，是指水资源所有权和各种用水权利和义务的行为准则或规则，也是产权经济理论在水资源配置领域的具体体现。具体而言，水权是指水资源开发、治理、保护、利用和管理过程中，调节个人之间、地区之间、部门之间，以及个人、集体和国家之间使用水资源行为的一套规范规则。水权是所有权、使用权、管理经营权的集合。

水权的基本内涵体现在以下几个方面。

① 水权的客体是水资源，水资源主要是自然界未开发、处于天然状态的流动性资源，它赋存于自然水体之中，在质、量、物理形态上都存在很大的不确定性。

② 水权是以水资源为载体的一种行为权利，它规定人们面对稀缺的水资源可以做什么、不可以做什么，并通过这种行为边界的规定界定了人们之间的损益关系，以及如何向受损者进行补偿和向受益者进行索取。

③ 水权的行使需要通过社会强制实施，这种社会强制既可以是法律法规等正式制度安排，也可以是社会习俗、道德等非正式安排。

④ 水权是一组权利的集合，而不仅仅是一种权利。

2. 水权理论的基本特征

① 水权的非排他性。我国《宪法》规定，水资源归国家或集体所有，这就导致了水权二元结构的存在。从法律层面上看，法律约束的水权具有无限排他性；但从实践来看，水权具有非排他性，这是水权的特征之一。我国现行的水权管理体制存在诸多问题，理论上水权归国家或集体所有，实质上归部门或地方所有，导致水资源优化配置障碍重重。以黄河为例，尽管成立了黄河水利委员会代理国务院水利主管部门行使权力，并在黄河水资源管理中发挥了积极作用，但水资源开发利用各自为政的现象没有从根本上得到改观，"水从门前过，不用白不用，多用比少用好"等观念长期驱动人们的用水行为。大量引水无疑加剧了黄河断流，引起更大的生态环境问题。国家水资源拥有的产权流于形式，水权强排他性转化为非排他性。

② 水权的分离性。我国水资源的所有权、经营权和使用权存在着严重的分离，这是由我国特有的水资源管理体制所决定的。在现行法律框架下，水资源所有权归国家或集体所有，这是非常明确的，但纵观水资源开发利用全过程，国家总是自觉或不自觉地将水资源的经营权授予地方或部门，而地方或部门本身也不是水资源的使用者，而是通过一定方式转移给最终使用者。水资源的所有者、经营者和使用者相分离，从而导致水权的非完整性。

③ 水权的外部性。外部性亦称外部效果，是指那种与本措施并无直接关联者所招致的效益或损失。例如，工厂排放污水，污染了江河，使渔业受到损失，对于受害者而言，这是一种负效果。水权具有一定的外部性，它既有积极的外部经济性（效益），也有消极的损失。以流域为例，如果上游过多地利用水资源，就可能导致下游可利用的水资源减少，甚至江河的干涸，给下游带来一定损失。同样，在某一地区修建大型水库，由于改善了局部地区的小气候，可能给周边地区带来额外的效益，如增加旅游人数，为当地提供一定的就业机会等。

④ 水权交易的不平衡性。由于我国的水资源归国家或集体所有，水权的交易是在所有权不变的前提下使用权或经营权的交易，交易双方是两个不同的利益代表者，其地位是不一样的，一方通常是代表国家或集体组织出让水资源产权的管理者，另一方则是为了获利的水资源经营者或使用者。产权出让者可以凭借政府的良好形象或权威对出让的产权施加影响，且具有垄断性；而购买者则不具备这样的优势，他们只能被动地接受这种影响。

3. 应用水权理论的意义

水权的核心内容是以水资源国家所有权为基础，通过水资源有偿使用，实现水资源所有权、使用权和管理经营权的分离。水权理论的建立，实现了水资源所有权和使用权的分离，明晰了各产权主体的权利关系，有利于在国家宏观调控下优化配置水资源，促进水资源从低效益用途向高效益用途转移。水权理论的应用，将水资源配置工作纳入到市场调节范围之内，可提高水资源的利用效率，实现水资源的优化配置。通过市场机制能够更加客观真实地反映水的价值，促进计划用水和节约用水，推进水资源利用方式的根本转变，提高水资源的利用率和效益，从而推动节水型社会的建设。

水权理论的逐步完善，也推动了全社会树立水的节水意识，增强人们的法制观念。水权进入市场后，涉及一系列市场流通行为的规范、约束规则，充分利用法制保障，水的利用才能实现高效节约和合理保护。通过对水权理论的认识，人们不断了解和界定水权所有者、经营者各自的责、权、利及相互关系，并与法律责任相联系，从而调动经营使用水资源单位的积极性，激发其合理利用水资源的积极性。

2.1.2 水市场理论

1. 水市场的基本内涵

在水资源初始产权配置确定后，就要通过水市场来实现水权的流动。如何建立健全社会主义市场经济条件下的水市场，是一个新的理论和实践问题。水工程提供的水是具有商品属性的特殊商品，同时又具有公益事业的特征，加之水是动态的，受到时空条件的限制，使得水市场不同于一般的商品经济市场。水资源不具备一般商品经济公平竞争的条件，因为同样的水资源，不同的功能和用途，不同的时空条件，产生的价值是不一样的，甚至悬殊。水是人类生命之源，既是自然资源，又是经济资源，更是战略资源、稀缺资源，因此，水市场的建立应是以政府宏观调控、规范管理与有效监督下的市场经济。市场经济不是自由经济，是法制经济。因此，必须制定相应的配套法规，以保证水事行为的规范化、有序化和法律化。

对于我国的水市场，不同学者有不同的观点：有人认为，我国的水市场在由计划经济向社会主义市场经济转型过程中应是一个准市场；水市场在区域和行业之间转让水权的过程中起辅助作用，因此，应是一个"拟市场"。也有人提出，我国的水市场应分为两类三个递级层次来构架：第一类是流域内水市场，又分为一级市场、二级市场、三级市场；第二类是跨流域的水市场。水市场可分为三级，一级水市场的运行应在政府主导下进行初始水权的分配，二、三级水市场的运行应在政府的宏观指导下引入市场机制来引导水资源的合理流动和配置。

2. 水市场理论的基本特征

水市场具有激励用水者提高水资源使用效率，促进水资源从低效益使用向高效益使用转变、解决水资源开发利用过程中的外部性问题，以及可促进基础设施建设和投资合理性等方面的作用。建立水市场的必要制度条件包括：基于用户的水资源管理方式、界定清晰可测量的水资源使用权、发布具有足够可交易水量的信息、提供计量和转移水资源所必需的基础设施。水市场建设有许多限制因素，包括：由于水资源的流动性和水量的季节不确定性而导致的水权界定和水计量方面的困难、计量和转移水资源的基础设施不完善、垄断导致的效率低下、信息不充分而导致交易成本过高、水资源开发利用过程中对第三方的影响、水资源的公共物品特性等。

3. 应用水市场理论的意义

随着我国经济的快速发展，各行业、各部门对水资源的需求大幅增加。我国水资源时空分布不均匀，人们只注重经济发展速度，对生态环境保护的意识比较薄弱，加剧了水资源的短缺和水污染，形成北方资源性缺水、南方水质性缺水的局面。我国解决水资源短缺的传统方式是采用技术和工程手段，这种方式有其合理的一面，对解决水资源危机发挥了很大作用。但是，这种由政府采用行政手段配置水资源、水权不可转让和水权不用就丧失的制度，容易导致用水主体对水资源的过量引用和浪费使用，致使水资源的配置低效率和利用低效益的局面十分严重。国外实践表明，水市场是一种十分有效的水资源配置机制，它能够使各用水户根据水的边际收益使水资源在他们之间重新配置，从而使水资源从低效率用水户向高效率用水户转移，在一定程度上促进了水资源的节约，使得有限的水资源通过市场的重新配置发挥更大作用，有利于经济社会的可持续发展。国外经验表明，水市场的建立能够使水资源得到合理配置和提高水资源的利用效率。我国应加快水市场的培育和发展，通过水市场来实现水资源利用效率的提高和调剂供水余缺，促进节水型社会建设。

2.1.3 水资源承载力理论

1. 资源承载力及水资源承载力

承载力（Carrying Capacity）是一个生态学概念，其极限思想可追溯到马尔萨斯的人口理论，19世纪末期开始被广泛应用于畜牧场管理，随后被野生动物学家采用并逐渐写入生态学教材。20世纪50年代，著名生态学家尤金·奥德姆（E. Odum）采用逻辑斯谛曲线（Logistic curve）为其赋予了较准确的数学含义，并将其定义为某一生境（Habitat）所能支持的特定物种的最大数量。20世纪60年代后，随着人口、资源和环境问题不断加剧，承载力概念在应用生态学和人口生态学两个方向受到日益广泛的研讨，被视作研究可持续发展问题的一个必要工具。由于我国水资源相对紧张，水资源承载力的概念于20世纪80年代末在我国北方地区率先得到应用；20世纪90年代后期开始得到较深入研究。

目前，对水资源承载力的理解并不一致，在许多可持续发展文献中，水资源承载力往往是指水资源在量上的承载能力，即水资源的可利用量；而在一些专业文献中，水资源承载力是指在一定的时期和技术水平下，一个地区的水资源在满足生态环境需求的情况下能够提供给社会经济发展的最大供水能力或所能承载的最大人口、经济发展规模和最大的外部作用等。可以认为，水资源承载力是在一定时期内和特定的技术水平下，在维持自身循环更新和环境质量不被破坏的情况下，当水资源管理得到最大限度的优化时，一个地区的水资源所能承载的具有一定生活质量的人口规模或社会经济发展规模，它是水资源与人类开发利用实践之间相互作用关系的综合体现。

水资源承载力具有以下4个方面的含义。

① 水资源开发利用量必须低于水资源的可更新水量，以维持水生态系统稳定安全和水文循环顺利进行。

② 人类用水必须满足水环境质量要求，即水污染不能超过当地水环境容量。

③ 达到水资源承载力时，水资源应得到最优化管理（如需水量管理、水资源优化配置和节约用水等），即水资源优化管理是水资源承载力的一个内在部分。

④ 水资源承载力也意味着当地社会经济发展得到最佳调控，达到最佳的人均生活水平，这种生活水平既包括物质文化方面的需求，也包括对水资源量和水环境质量享受的需求。

总之，水资源承载力是一个包含自然、社会经济和水资源管理等丰富内涵的综合概念，它不简单地就是水资源的可利用量。

2. 水资源承载力的特征

水资源承载能力的大小是随空间、时间和条件变化而变化的，具有动态性、地区性、相对极限性、模糊性等特点。影响水资源承载力大小的因素可概括为以下几个方面。

① 水资源数量、质量及开发利用程度。当地水资源总量及根据法律规定分配给当地可利用过境水量，水资源的矿化度、埋深条件等质量情况，以及当前水资源开发利用方式和程度。

② 生态环境状态。生态环境不但自身需要一定的水资源量得以维持，而且通过对水循环的影响在相当程度上决定了水资源总量的大小。

③ 社会经济技术条件。社会经济与技术条件决定了可开发控制的可利用水量和水资源利用效率。

④ 社会生产力水平。不同历史时期或同一历史时期的不同地区具有不同的生产力水平，决定了水资源可承载社会经济发展规模的差异。

⑤ 社会消费水平与结构。在社会生产能力确定的条件下，社会消费水平和结构将决定水资源承载力的大小。

⑥ 区际交流。劳动区域分工与产品交换也将间接影响水资源承载力的大小。

3. 应用水资源承载力理论的意义

水资源承载力分析关系到地区环境、人口和经济发展规模和代际持续发展的前景，涉及面广、内容复杂。水资源是基础性的自然资源，既是人类生存和发展的物质基础，又是维持生态环境良性循环的必要载体，目前已成为我国社会经济可持续发展的重要制约因素，水资源承载能力也成为举国上下普遍关心的问题，特别是在城市地区，由于人口和生产高度集聚，对水资源的需求和水环境的干扰更大，水资源与城市发展、建设节水型社会的关系更为密切。随着我国城市经济在国民经济总体中的地位不断上升，以及城镇化的加速发展，城市水资源问题的解决变得日益重要。因此，应用水资源承载力理论具有重要的历史意义和现实意义。

2.1.4 水环境承载力理论

1. 水环境承载力的基本内涵

水环境承载力可从以下不同角度去理解。

① 从水体角度可将其纳污能力作为水环境承载力，而不考虑人类行为对水体的影响。

这样，水体承载的对象为污染物，指标容易量化，便于比较。

② 将水环境承载的人口数量和规模融入水体纳污能力中，这样，表达了水环境对人类社会的"承载"内涵，将水环境承载力具体量化到人口和污染物数量。

③ 在第二种理解的基础上加入水体所能承载的经济规模，将人类行为或经济行为对水环境承载力的影响概括在内。这样，将水环境承载力拓宽到经济领域，便于从提高水环境承载力角度研究区域经济社会行为。

2. 水环境承载力的主要特征

水环境承载力具有以下主要特征。

① 可持续性。水环境承载力的可持续性包含两方面含义：其一，持续开发利用水资源，以保证人口、资源、环境与经济的协调发展；其二，水环境承载力的增强总是随着社会的持续发展而持续的。

② 社会经济性。社会经济系统是水环境承载的主体，其内部结构、组成、状态能够影响承载力的大小。主要体现在：开发水资源的经济技术能力、社会各行业的用水水平、社会对水资源的优化配置，以及社会用水结构、排污结构等方面。因此，可通过依靠经济技术手段来提高水环境承载能力。

③ 时空性。水环境承载力具有明显的空间性和时序性。首先，明确承载力是与特定的空间相对应的；其次，明确研究区域可利用的水资源量，就时间而言，相同数量的水资源，在未来不同发展阶段的承载力也不同。

④ 可塑性。水资源属于可再生资源，由于自然和社会因素的制约，在特定的时空范围内数量有限，存在可能最大承载上限值。如果区域水资源持续超载使用，且不能够合理治理水污染，必将破坏区域水资源的良性循环，从而导致区域可利用水资源的枯竭，直至不可再生。

3. 应用水环境承载力理论的意义

水资源是一个地区社会经济系统存在和发展的基本支撑因素，其承载特征状况对地区发展起着重要作用。而水环境是水资源质量的重要体现，水环境承载力是社会经济发展、人类生活水平提高、科学技术进步条件下对水环境价值的一种认识，水环境承载力是支撑地区经济社会可持续发展速度和规模的一个重要因素，换言之，水环境承载力能够表征区域内水环境对社会经济系统的支撑能力。

在促进工业、经济发展的同时，必须重视对水环境的合理利用，将其作为协调社会经济可持续发展、建设节水型社会的主要手段。对于水环境而言，必须限制人类活动对水资源开发利用和对水环境的影响，在其承载能力范围之内，才能实现区域水资源的高效、安全利用和对经济发展的持续支撑，保障生态环境安全。

2.1.5 水循环理论

1. 自然水循环与社会水循环

① 自然水循环。自然水循环是指地球上的水在太阳辐射和重力作用下通过蒸发、蒸腾、

水汽输运、凝结降雨、下渗及地表径流、地下径流等环节，不断发生水的形态转换而周而复始的运动过程。引起水的自然循环的内因是水的 3 种形态在不同温度条件下可以相互转化，外因是太阳辐射和地心引力。

自然水循环由大循环和小循环组成，发生在全球海洋与陆地之间的水分交换过程称为大循环，又称外循环；发生在海洋与大气之间或陆地与大气之间的水分交换过程称为小循环，后者称为陆地水循环。目前，研究较多的是陆地水循环。陆地水循环系统如图 2-1 所示。

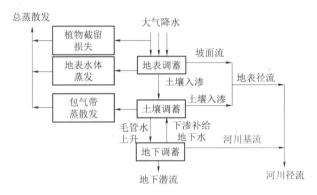

图 2-1　陆地水循环系统

② 社会水循环。如果说水的自然循环是自然因子驱动的结果，那么，水的社会循环则是人文因子驱动的结果。水的社会循环是水的自然循环的一个子系统，是指社会经济系统对水资源的开发利用及各种人类活动对水循环的影响。水的社会循环包括"取水—输水—用水—排水—回用" 5 个基本环节，在水资源按用途分类并重复利用维护低成本的原则下，水的社会循环系统包括"供应必需的水量并满足必要水质"的水供应系统和"对水环境负责任"的用水系统和排水系统，以及二者之间的循环再利用系统。社会水循环系统如图 2-2 所示。

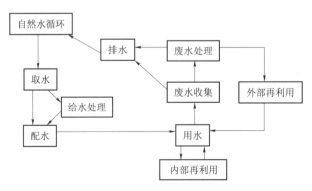

图 2-2　社会水循环系统

③ 二元水循环。水在社会经济系统的运动过程与水在自然界中的运动过程一样，也具有循环性特点。社会水循环通过取用水、排水与自然水循环相联系，这两个方面相互矛盾、相互依存、相互联系、相互影响，构成了矛盾的统一体——水循环整体，即二元水循环系统，如图 2-3 所示。

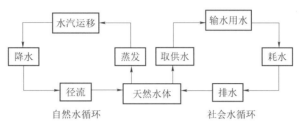

图 2-3　二元水循环系统

2. 水循环的基本特征

① 自然水循环是一个相对稳定的、错综复杂的动态系统，与气候、土壤等自然因素有关，还受到池塘、水库建设等人为因素影响。

② 在水的自然循环中，不但存在水量的平衡关系，而且还存在着水质的动态平衡关系，即水质的可再生性。

③ 水的自然循环和社会循环合起来构成完整的水循环，社会循环依赖于自然循环，又对水的自然循环产生重要的影响。

3. 水循环的价值

自然生态系统的良性运转，靠生产者、消费者、分解者之间物质与能量转化的均衡，特别是分解者不足以分解消费的物质时，环境就会恶化。水的自然循环系统同样需要均衡，使自然价值得以持续。因此，水的自然循环具体提供水的价值。水循环不同环节的存在或转化，以及此时此地与彼时彼地的发生，体现不同的自然资源价值，这是人类利用的基础。

在环境经济学中，环境资源的价值称为总经济价值，包括使用价值（或有用性价值）和非使用价值（或内在价值）两部分。水资源使用价值具体体现在水社会循环环节。使用价值可进一步分解为直接使用价值、间接使用价值和选择价值。直接使用价值是水资源能直接满足人们生产和消费需要的价值，用于饮用、制造、灌溉、养殖、航运、发电等。间接使用价值类似于生态学中的生态服务功能，如水能调节小气候、容纳污染物、实现营养循环、保护生物多样性、提供生物栖息地等，间接地创造了价值。选择价值又称为期权价值，是指人们愿意为保护水资源以备未来直接或间接使用而支付的货币价值，体现了水资源可持续利用的理念。水资源的非使用价值是指其内在属性，即水资源的存在即有其价值。

4. 应用水循环理论的意义

我国城市水价是以综合水价的方式最终作用于终端用水户，水价构成成分是多元的。目前，单环节水价加总得出的综合水价，不能"倒逼"出指导现实水价的理论水价，管制失去自然状态决策依据，因此，需要建立基于自然与社会循环的"正推"理论水价，指导现实水价管制，然后，理论与现实不断循环校正回归，高效发挥水价管制的杠杆作用。水资源自然和社会循环的独特性，决定了城市水价管制的复杂性。政府对水的管制必须遵循水的自然和社会规律。水的全部价值包括水的使用价值或经济价值，以及水的内在价值。更为重要的是：水的开发利用过程外部性、市场失灵等现象十分明显。各国都在不同程度地探索水的管制理论和方法，基于各自自然环境与社会制度的水价管制方法多样。设计科学的水价管制方案，首要目标是达到水的社会循环与自然循环的和谐。水价管制涉及水价结构和水平，以及水价各成分的最终用途对水循环的作用机理。因此，从水循环和系统理论出发研究城市水价管制，基于整体与部分的协同管制，对于水资源循环环节的合理安排，实现城市水资源可持续发展，具有十分重要的现实意义。

2.1.6 可持续发展理论

1. 可持续发展的基本内涵

人们对于"可持续发展"并没有一个统一的定义。Charles D. D. Howard 认为："可持续发展是指在无限期的时间跨度内维持可接受风险的能力。"布兰特夫人认为："可持续发展就是既满足当代人的需求又不损害后代子孙满足其需求能力的发展。"可持续发展具有丰富的内涵，主要可分为经济可持续发展、社会可持续发展和生态可持续发展。

① 经济可持续发展。可持续发展的最终目标就是要不断满足人类的需求和愿望，确保世代永续发展。因此，实现可持续发展的首要前提是要保证经济的可持续发展。发展经济，改善人类的生活质量，是人类的目标，也是可持续发展需要达到的目标。可持续发展将消除贫困作为重要的目标和最优先考虑的问题，因为贫困削弱了人们以可持续方式利用资源的能力。目前，广大发展中国家正经受来自贫困和生态恶化的双重压力，贫穷导致生态破坏的加剧，生态恶化又加剧了贫困。对于发展中国家来说，发展是第一位的，加速经济发展，提高经济发展水平，是实现可持续发展的一个重要标志。

② 社会可持续发展。可持续发展实质上是人类如何与大自然和谐共处的问题。人们首先要认识自然和社会变化规律，顺应规律，才能达到与大自然的和谐相处。同时，人们必须具有较高的道德意识，认识到人类的行为都会对自然、对社会产生深远影响。因此，提高全民族的可持续发展意识，认识人类的生产活动可能对人类生存环境造成的影响，提高人们的责任感，增强参与可持续发展的能力，也是实现可持续发展不可缺少的社会条件。当今，许多发展中国家的人口数量已超过当地资源的承载能力，造成了日益恶化的资源基础和不断下降的生活水准。人口急剧增长，对资源消耗及环境造成巨大的冲击，已成为威胁人类生存的关键问题。

③ 生态可持续发展。生态环境是人类生存发展的基础，其中，各类资源是人类生存和发展所必需的物质基础，可持续发展要保护人类生存和发展所必需的资源基础。许多非持续现象的产生都是由资源的不合理利用引起资源生态系统的衰退而导致的，因此，在开发利用

的同时，必须要对资源加以保护，扭转对资源的不合理开发，采用人工措施促进可更新资源的再生产，维持基本的生态过程和生命支持系统，保护生态系统的多样性，以可持续利用资源。

2. 可持续发展的基本特征

① 公平性。公平性是指机会选择的平等性。可持续发展的公平性是指人类分配资源和占有财富上的"时空"公平，具体包括两个方面：一是指本代人的公平即代内之间的横向公平；一是指代际公平性，即世代之间的纵向公平。可持续发展要满足当代所有人的基本需求，给他们机会以满足其要求过美好生活的愿望。可持续发展不仅要实现当代人之间的公平，而且要实现当代人与未来各代人之间的公平，因为人类赖以生存与发展的自然资源是有限的。

② 持续性。持续性是指生态系统受到某种干扰时能保持其生产力的能力。资源环境是人类生存与发展的基础和条件，资源的可持续利用和生态系统的可持续性是保持人类社会可持续发展的首要条件。这就要求人们根据可持续性的条件调整自己的生活方式，在生态可能的范围内确定自己的消耗标准，要合理开发、合理利用自然资源，使再生性资源能保持其再生产能力，非再生性资源不至过度消耗并能得到替代资源的补充，环境自净能力能得以维持。

③ 全球性。"可持续发展观"认为，地球只有一个，人类的命运只有一个，全球问题的产生，关系到整个人类的生存和发展。要解决生存和发展问题，实现可持续发展总目标，必须争取全球共同的配合行动，各国在合作中区分责任和义务，共同承担，这也是由地球整体性和相互依存性所决定的。因此，要实现全球性可持续发展，需要各国致力于达成既尊重各方的利益，又保护全球环境与发展体系的国际协定，放弃对立，同舟共济，共同促进自身之间、自身与自然之间的协调。

3. 应用可持续发展理论的意义

水是人类生存的生命线，是经济发展和社会进步的生命线，水资源的可持续利用，也是实现可持续发展的重要物质基础，更是关系经济社会可持续发展的战略资源。我国水资源短缺的特点、水资源开发利用状况、经济社会发展和环境的需要，决定了我国必须走节水型社会之路，而人与自然和谐相处的可持续发展观是破解我国水问题的核心理念。可持续发展理论为我国节水事业提供了重要的理论指导，面对水资源短缺的严峻形势，一是要通过水利发展，不断满足经济社会对水的需求；二是要转变水利发展模式，建设节水型社会，推动经济增长方式的转变；三是要树立全民节水意识和水道德意识，从根本上做到节约用水、合理用水。为此，要遵循可持续发展理论，走可持续发展道路，在可持续发展理论指导下，加快产业升级转型，调整工农业生产方式，由粗放型变为可持续型。实践人与自然和谐相处的可持续发展理论，对中国治水事业而言，也是破解水资源问题的关键。

2.2 节水型社会建设相关法律法规及政策

法律法规及政策既是指导人类活动的理论依据，也是监督人们活动的强制手段。实践证明，实现全社会节约用水，必须完善相应节水法律法规及政策，将节约用水纳入依法管理的轨道，使节水工作有法可依，才能确保节水工作的开展。

2.2.1 节水型社会建设相关法律法规

1. 相关法律

为了解决水资源紧缺问题，加强水资源合理利用和保护水资源，我国《宪法》《水法》《农业法》《清洁生产促进法》《循环经济促进法》《水污染防治法》等法律文件都对节水和防治水污染等作出了相关规定。

（1）《中华人民共和国宪法》

《宪法》（2004年修订）第十四条规定："国家厉行节约，反对浪费"。这里的"节约"二字，显然包括节水的内容。第九条规定："国家保障自然资源的合理利用。禁止任何组织或者个人用任何手段侵占或者破坏自然资源"。这里的自然资源当然应包括水资源。《宪法》中关于节约、自然资源合理利用的规定，对于节约水资源、合理利用水资源具有重要的指导意义和约束作用。

（2）《中华人民共和国水法》

《水法》（2002年修订）第四条规定："开发、利用、节约、保护水资源和防治水害，应当全面规划、统筹兼顾、标本兼治、综合利用、讲求效益，发挥水资源的多种功能，协调好生活、生产经营和生态环境用水"。第八条规定："国家厉行节约用水，大力推进节约用水措施，推广节约用水新技术、新工艺，发展节水型工业、农业和服务业，建立节水型社会"。这为节水型社会建设提供了法律保障。

《水法》还用专章对水资源配置和节约使用作了具体规定。《水法》第四十四条规定："水中长期供求规划应当依据水的供求现状、国民经济和社会发展规划、流域规划、区域规划，按照水资源供需协调、综合平衡、保护生态、厉行节约、合理开源的原则制定"。第五十条规定："各级人民政府应当推行节水灌溉方式和节水技术，对农业蓄水、输水工程采取必要的防渗漏措施，提高农业用水效率"。第五十一条规定："工业用水应当采用先进技术、工艺和设备，增加循环用水次数，提高水的重复利用率"。第五十二条规定："城市人民政府应当因地制宜采取有效措施，推广节水型生活用水器具，降低城市供水管网漏失率，提高生活用水效率；加强城市污水集中处理，鼓励使用再生水，提高污水再生利用率"。第五十三条规定："新建、扩建、改建建设项目，应当制订节水措施方案，配套建设节水设施。节水设施应当与主体工程同时设计、同时施工、同时投产。供水企业和自建供水设施的单位应当加强供水设施的维护管理，减少水的漏失"。

（3）《中华人民共和国农业法》

《农业法》（2002 年修订）第十九条规定："各级人民政府和农业生产经营组织应当加强农田水利设施建设，建立健全农田水利设施的管理制度，节约用水，发展节水型农业，严格依法控制非农业建设占用灌溉水源，禁止任何组织和个人非法占用或者毁损农田水利设施。国家对缺水地区发展节水型农业给予重点扶持"。《农业法》强调，要发展节水型农业。

（4）《中华人民共和国清洁生产促进法》

《清洁生产促进法》（2012 年修订）第十三条规定："国务院有关部门可以根据需要批准设立节能、节水、废物再生利用等环境与资源保护方面的产品标志，并按照国家规定制定相应标准"。第十六条规定："各级人民政府应当优先采购节能、节水、废物再生利用等有利于环境与资源保护的产品。各级人民政府应当通过宣传、教育等措施，鼓励公众购买和使用节能、节水、废物再生利用等有利于环境与资源保护的产品"。第二十三条规定："餐饮、娱乐、宾馆等服务性企业，应当采用节能、节水和其他有利于环境保护的技术和设备，减少使用或者不使用浪费资源、污染环境的消费品"。第二十四条规定："建筑工程应当采用节能、节水等有利于环境与资源保护的建筑设计方案、建筑和装修材料、建筑构配件及设备"。《清洁生产促进法》分别针对服务性企业和建筑工程作出明确规定，强调使用节水技术和设备，提高水资源利用率，促进清洁生产，减少和避免污染物的产生。

（5）《中华人民共和国循环经济促进法》

《循环经济促进法》（2009 年开始施行）第十条规定："公民应当增强节约资源和保护环境意识，合理消费，节约资源。国家鼓励和引导公民使用节能、节水、节材和有利于保护环境的产品及再生产品，减少废物的产生量和排放量"。第二十条规定："工业企业应当采用先进或者适用的节水技术、工艺和设备，制定并实施节水计划，加强节水管理，对生产用水进行全过程控制。国家鼓励和支持沿海地区进行海水淡化和海水直接利用，节约淡水资源"。第二十三条规定："建筑设计、建设、施工等单位应当按照国家有关规定和标准，对其设计、建设、施工的建筑物及构筑物采用节能、节水、节地、节材的技术工艺和小型、轻型、再生产品。有条件的地区，应当充分利用太阳能、地热能、风能等可再生能源"。第二十四条规定："县级以上人民政府及其农业等主管部门应当推进土地集约利用，鼓励和支持农业生产者采用节水、节肥、节药的先进种植、养殖和灌溉技术，推动农业机械节能，优先发展生态农业。在缺水地区，应当调整种植结构，优先发展节水型农业，推进雨水集蓄利用，建设和管护节水灌溉设施，提高用水效率，减少水的蒸发和漏失"。第二十五条规定："国家机关及使用财政性资金的其他组织应当厉行节约、杜绝浪费，带头使用节能、节水、节地、节材和有利于保护环境的产品、设备和设施，节约使用办公用品"。第二十六条规定："餐饮、娱乐、宾馆等服务性企业，应当采用节能、节水、节材和有利于保护环境的产品，减少使用或者不使用浪费资源、污染环境的产品。本法施行后新建的餐饮、娱乐、宾馆等服务性企业，应当采用节能、节水、节材和有利于保护环境的技术、设备和设施"。第二十七条规定："国家鼓励和支持使用再生水。在有条件使用再生水的地区，限制或者禁止将自来水作为城市道路清扫、城市绿化和景观用水使用"。第四十四条规定："国家对促进循环经济发展的产业活动给予税收优惠，并运用税收等措施鼓励进口先进的节能、节水、节材等技术、设备和产品，限制在生产过程中耗能高、污染重的产品的出口。具体办法由国务院财政、税务主管部门制定。企业使用或者生产列入国家清洁生产、资源综合利用等鼓励名录的技术、工艺、设备或者产品的，按照国家有关规定享受税收优惠"。第四十五条规定："县级以上人民政府循环经济发展综合管理部门在制定和实施投资计划时，应当将节能、节水、节地、节材、资源综合利用等项目列为重点投资领域。对符合国家产业政策的节能、节水、节地、节材、资源综合利用等项目，金融机构应当给予优先贷款等信贷支持，并积极提供配套金融服务"。第四十六条规定："国家实行有利于资源节约和合理利用的价格政策，引导单位和个人节约和合理使用水、电、气等资源性产品"。第四十七条规定："国家实行有利于循环经济发展的政府采购政策。使用财政性资金进行采购的，应当优先采购节能、节水、节材和有利于保护环境的产品及再生产品"。《循环经济促进法》从多个方面明确要求，包括：增强节水意识，使用节水产品、技术、工艺和设备，制定节水标准，配套建设节水设施，优先发展节水型农业，将节水等项目列入重点投资领域，加强节水管理等。

（6）《中华人民共和国水污染防治法》

《水污染防治法》（2008 年修订）第三条规定："水污染防治应当坚持预防为主、防治结合、综合治理的原则，优先保护饮用水水源，严格控制工业污染、城镇生活污染，防治农业面源污染，积极推进生态治理工程建设，预防、控制和减少水环境污染和生态破坏"。《水污染防治法》还在第四章和第五章，分别对工业水污染防治、城镇水污染防治、农业和农村水污染防治、船舶水污染防治、饮用水水源和其他特殊水体保护等作出了具体规定，对于防治水污染，保护和改善水环境，保障饮用水安全具有重要的指导意义和约束作用。

（7）《中华人民共和国防沙治沙法》

《防沙治沙法》（2002 年开始施行）第十九条规定："沙化土地所在地区的县级以上地方人民政府水行政主管部门，应当加强流域和区域水资源的统一调配和管理，在编制流域和区域水资源开发利用规划和供水计划时，必须考虑整个流域和区域植被保护的用水需求，防止因地下水和上游水资源的过度开发利用，导致植被破坏和土地沙化。该规划和计划经批准后，必须严格实施。沙化土地所在地区的地方各级人民政府应当节约用水，发展节水型农牧业和其他产业"。第三十六条规定："国家根据防沙治沙的需要，组织设立防沙治沙重点科研项目和示范、推广项目，并对防沙治沙、沙区能源、沙生经济作物、节水灌溉、防止草原退化、沙地旱作农业等方面的科学研究与技术推广给予资金补助、税费减免等政策优惠。"《防沙治沙法》强调，要节约用水，发展节水型农牧业和其他产业。

（8）《中华人民共和国草原法》

《草原法》（2002 年修订）第二十条规定："草原保护、建设、利用规划应当与水土保持规划、水资源规划等有关规划相协调。"第二十八条规定："县级以上地方人民政府应当支持草原水利设施建设，发展草原节水灌溉，改善人畜饮水条件"。第四十二条将"对调节气候、涵养水源、保持水土、防风固沙具有特殊作用的草原"划为基本草原，实行基本草原保护制度，实施严格管理。《草原法》在草原管理和保护中提出了相应的节水要求，这对于改善生态环境，维护生物多样性，发展现代畜牧业，促进经济和社会的可持续发展具有重要意义。

（9）《中华人民共和国企业所得税法》

《企业所得税法》（2008年开始施行）第二十七条规定："从事符合条件的环境保护、节能节水项目的所得，可以免征、减征企业所得税"。第三十四条规定："企业购置用于环境保护、节能节水、安全生产等专用设备的投资额，可以按一定比例实行税额抵免"。《企业所得税法》规定的税收优惠政策将在一定程度上调动相关企业的积极性，开展节能节水项目，购买节能节水设备，进而推进节水型社会建设。

（10）《中华人民共和国环境保护法》

《环境保护法》（2014年修订）第三十六条规定："国家鼓励和引导公民、法人和其他组织使用有利于保护环境的产品和再生产品，减少废弃物的产生。国家机关和使用财政资金的其他组织应当优先采购和使用节能、节水、节材等有利于保护环境的产品、设备和设施。"《环境保护法》强调，要在全社会范围优先采购和使用节水产品、设备和设施，以利于保护环境。

2. 相关法规

为了进一步解决水资源紧缺问题，加强水资源合理利用，提高水资源综合利用率，除相关法律外，我国还根据气候、环境、地方特点等因素发布和实施了节水治水工作相关法规，这些法规可分为行政法规和地方法规两大类。

（1）行政法规

行政法规主要包括《取水许可和水资源费征收管理条例》《中华人民共和国抗旱条例》《南水北调工程供用水管理条例》等。

①《取水许可和水资源费征收管理条例》。该条例主要规范了取水的申请和受理、取水许可的审查和决定、水资源费的征收和使用管理等内容，并明确了相关法律责任。《取水许可和水资源费征收管理条例》第十二条明确规定，取水申请书应当包括"取水方式、计量方式和节水措施"。第二十七条规定："依法获得取水权的单位或者个人，通过调整产品和产业结构、改革工艺、节水等措施节约水资源的，在取水许可的有效期和取水限额内，经原审批机关批准，可以依法有偿转让其节约的水资源，并到原审批机关办理取水权变更手续。"第三十条规定："各级地方人民政府应当采取措施，提高农业用水效率，发展节水型农业。农业生产取水的水资源费征收标准应当根据当地水资源条件、农村经济发展状况和促进农业节约用水需要制定"。

②《中华人民共和国抗旱条例》。该条例明确规定了旱灾预防、抗旱减灾、灾后恢复及相关法律责任。《中华人民共和国抗旱条例》第十六条规定："县级以上人民政府应当加强农田水利基础设施建设和农村饮水工程建设，组织做好抗旱应急工程及其配套设施建设和节

水改造，提高抗旱供水能力和水资源利用效率。"第十七条规定："国家鼓励和扶持研发、使用抗旱节水机械和装备，推广农田节水技术，支持旱作地区修建抗旱设施，发展旱作节水农业。"第二十一条规定："各级人民政府应当开展节约用水宣传教育，推行节约用水措施，推广节约用水新技术、新工艺，建设节水型社会。"第四十二条规定："干旱灾害发生地区的乡镇人民政府、街道办事处、村民委员会、居民委员会应当组织力量，向村民、居民宣传节水抗旱知识，协助做好抗旱措施的落实工作。"

③《南水北调工程供用水管理条例》。为了加强南水北调工程的供用水管理，充分发挥南水北调工程的经济效益、社会效益和生态效益，国务院发布《南水北调工程供用水管理条例》。《南水北调工程供用水管理条例》第三条规定："南水北调工程的供用水管理遵循先节水后调水、先治污后通水、先环保后用水的原则，坚持全程管理、统筹兼顾、权责明晰、严格保护，确保调度合理、水质合格、用水节约、设施安全。"第三十一条规定："南水北调工程受水区县级以上地方人民政府应当对本行政区域的年度用水实行总量控制，加强用水定额管理，推广节水技术、设备和设施，提高用水效率和效益。南水北调工程受水区县级以上地方人民政府应当鼓励、引导农民和农业生产经营组织调整农业种植结构，因地制宜减少高耗水作物种植比例，推行节水灌溉方式，促进节水农业发展。"

（2）地方法规

为加强节约用水管理，科学合理利用水资源，建设节水型社会，我国多数省市、自治区发布和实施了节约用水相关法规。代表性省市、自治区有北京市、上海市、重庆市、深圳市、陕西省、甘肃省、山东省、吉林省、内蒙古自治区等。

①北京市。北京市人民政府发布的《北京市节约用水办法》规定，北京市坚持经济社会发展与水环境状况和水资源承载能力相适应的用水方针，实行用水总量和用水效率控制，采取法律、行政、经济、工程、科技等措施，促进节约用水。《北京市民用建筑节能管理办法》第三十条规定："公共建筑的所有权人应当采取节能技术和措施，采取建筑物用能系统节能运行方案，减少能源消耗。公共建筑和居住建筑的使用人应当提高节能意识，在日常使用中注意节电、节水、节能。"《北京市绿化条例》第九条明确规定："本市鼓励和支持绿化科学技术的基础研究和转化应用，选育、引进适应本市自然条件、节水耐旱及兼顾冬季绿化美化效果的植物品种。"在城市绿化方面力推节水耐旱植物品种，进而促进节水型城市建设。

②上海市。上海市人民政府发布的《上海市节约用水管理办法》明确了节约用水措施、节水设施的建设、节水设备的使用、节水设备的管理，以及相应的违规处罚。《上海市取水许可和水资源费征收管理实施办法》规定了上海市取水许可、水资源费征收和使用等内容，并明确指出：水资源费可专项用于"节约用水的政策法规、标准体系建设以及科研、新技术和产品开发推广"、"节水示范项目和推广应用试点工程的拨款补助和贷款贴息"、"节约、保护水资源的宣传和奖励"。

③重庆市。重庆市人民代表大会常务委员会通过的《重庆市城市供水节水管理条例》

规定了供水工程规划与建设、供水管理、计划用水与节约用水、供水设施保护等内容，明确了相关法律责任。重庆市人民政府发布的《重庆市人民政府关于发展循环经济的决定》明确指出：要"编制节能、节水、节材、资源综合利用、可再生资源回收利用和生态农业发展等循环经济发展重点领域专项规划"。

④ 深圳市。《深圳市节约用水条例》明确了深圳市节约用水的原则，要求编制统一的节约用水规划，并将其纳入城市总体规划。要求在充分考虑水资源承载能力的前提下，在城市发展规模、重大建设项目布局、产业结构调整及城市建设中，严格控制高耗水项目。大力推行节约用水措施，推广节约用水新技术、新工艺，培育和发展节约用水产业，发展节水型工业、农业和服务业，建设节水型城市。《深圳市计划用水办法》规定了深圳市行政区域内单位用户用水计划的申请与确定、监督与管理、法律责任等。明确了计划管理用水部门；强调了用水的事前控制、用水量的合理分配；鼓励优先使用雨水、经处理的污水或者中水等非常规水源，对于使用中水、经处理的污水、雨水、海水或者从其他非城市饮用地表水水源中取的水，不纳入用水计划管理，免收该部分污水处理费；同时细化了对超计划用水的处罚措施，加大了处罚力度。《深圳市绿色建筑促进办法》第二十二条规定："绿色建筑应当选用适宜于本市的绿色建筑技术和产品，包括利用自然通风、自然采光、外遮阳、太阳能、雨水渗透与收集、中水处理回用及规模化利用、透水地面、建筑工业化、建筑废弃物资源化利用、隔音、智能控制等技术，选用本土植物、普及高能效设备及节水型产品。"第二十六条规定："绿色建筑应当选用节水型器具，采用雨污分流技术。"第二十九条规定："鼓励采用绿色建筑创新技术，鼓励采用信息化手段预测绿色建筑节能效益和节水效益。"

⑤ 其他省区。陕西省发布和实施了《陕西省节约用水办法》《陕西省循环经济促进条例》《陕西省渭河流域管理条例》；甘肃省发布和实施了《甘肃省资源综合利用条例》《甘肃省循环经济促进条例》《甘肃省石羊河流域地下水资源管理办法》；山东省发布和实施了《山东省节约用水办法》《山东省用水总量控制管理办法》；吉林省发布和实施了《吉林省城市节约用水条例》《吉林省工业节水管理办法》；内蒙古自治区发布和实施了《内蒙古自治区节约用水条例》《内蒙古自治区取水许可和水资源费征收管理实施办法》《内蒙古自治区农业节水灌溉条例》等。

2.2.2　节水型社会建设相关政策及规划

1. 相关政策

相关政策包括综合性制度规定、产业发展政策、相关经济政策等。

1）综合性制度规定

综合性制度规定主要包括《国务院关于实行最严格水资源管理制度的意见》、《实行最严格水资源管理制度考核办法》和《水利工程供水价格管理办法》等。

①《国务院关于实行最严格水资源管理制度的意见》（国发〔2012〕3 号）明确要求，要深入贯彻落实科学发展观，以水资源配置、节约和保护为重点，强化用水需求和用水过程

管理，通过健全制度、落实责任、提高能力、强化监管，严格控制用水总量，全面提高用水效率，严格控制入河湖排污总量，加快节水型社会建设，促进水资源可持续利用和经济发展方式转变，推动经济社会发展与水资源、水环境承载能力相协调，保障经济社会长期平稳较快发展。

《国务院关于实行最严格水资源管理制度的意见》提出的主要目标：确立水资源开发利用控制红线，到 2030 年全国用水总量控制在 7 000 亿 m^3 以内；确立用水效率控制红线，到 2030 年用水效率达到或接近世界先进水平，万元工业增加值用水量降低到 40 m^3 以下，农田灌溉水有效利用系数提高到 0.6 以上；确立水功能区限制纳污红线，到 2030 年主要污染物入河湖总量控制在水功能区纳污能力范围之内，水功能区水质达标率提高到 95% 以上。

为实现上述目标，到 2015 年，全国用水总量力争控制在 6 350 亿 m^3 以内；万元工业增加值用水量比 2010 年下降 30% 以上，农田灌溉水有效利用系数提高到 0.53 以上；重要江河湖泊水功能区水质达标率提高到 60% 以上。到 2020 年，全国用水总量力争控制在 6 700 亿 m^3 以内；万元工业增加值用水量降低到 65 m^3 以下，农田灌溉水有效利用系数提高到 0.55 以上；重要江河湖泊水功能区水质达标率提高到 80% 以上，城镇供水水源地水质全面达标。

为此，必须加强水资源开发利用控制红线管理，严格实行用水总量控制；加强用水效率控制红线管理，全面推进节水型社会建设；加强水功能区限制纳污红线管理，严格控制入河湖排污总量。

②《国务院办公厅关于印发〈实行最严格水资源管理制度考核办法〉的通知》（国办发〔2013〕2 号）中不仅明确了各省、自治区、直辖市用水总量控制目标和用水效率控制目标，而且明确了各省、自治区、直辖市重要江河湖泊水功能区水质达标率控制目标。该通知还指出，国务院对各省、自治区、直辖市落实最严格水资源管理制度情况进行考核；水利部会同发展改革委、工业和信息化部、监察部、财政部、国土资源部、环境保护部、住房城乡建设部、农业部、审计署、统计局等部门组成考核工作组，负责具体组织实施。

③《水利工程供水价格管理办法》（国家发展和改革委员会、水利部令第 4 号）明确规定了供水经营者通过拦、蓄、引、提等水利工程设施销售给用户的天然水价格相关内容，包括水价核定原则及办法、水价制度、管理权限、权利义务及法律责任等。

《水利工程供水价格管理办法》第四条规定："水利工程供水价格由供水生产成本、费用、利润和税金构成。"第五条规定："水利工程供水价格采取统一政策、分级管理方式，区分不同情况实行政府指导价或政府定价。政府鼓励发展的民办民营水利工程供水价格，实行政府指导价；其他水利工程供水价格实行政府定价。"第十条规定："根据国家经济政策以及用水户的承受能力，水利工程供水实行分类定价。水利工程供水价格按供水对象分为农业用水价格和非农业用水价格。农业用水是指由水利工程直接供应的粮食作物、经济作物用水和水产养殖用水；非农业用水是指由水利工程直接供应的工业、自来水厂、水力发电和其他用水。""农业用水价格按补偿供水生产成本、费用的原则核定，不计利润和税金。非农业用水价格在补偿供水生产成本、费用和依法计税的基础上，按供水净资产计提利润，利润率按国内商业银行长期贷款利率加 2 至 3 个百分点确定。"第十五条规定："供水水源受季节影响较大的水利工程，供水价格可实行丰枯季节水价或季节浮动价格。"

2）产业发展政策

产业发展政策主要包括：《中西部地区外商投资优势产业目录（2013 年修订）》《产业结构调整指导目录（2011 年本）修正本》《高新技术企业认定管理办法》《工业和信息化部关于进一步加强工业节水工作的意见》等。

（1）《中西部地区外商投资优势产业目录（2013 年修订）》

2013 年 5 月，为促进中西部地区的经济水平的提升，同时促进节水型产业发展，国家发展和改革委员会、商务部联合发布《中西部地区外商投资优势产业目录（2013 年修订）》，鼓励各地发展节水产业，包括：山西省鼓励节水灌溉和旱作节水技术、保护性耕作技术开发与应用；内蒙古自治区鼓励节水灌溉和旱作节水技术、保护性耕作、中低产田改造等技术开发与应用；辽宁、黑龙江、吉林、安徽、河南、四川等省鼓励节水灌溉和旱作节水技术、保护性耕作技术开发与应用；重庆市，节水灌溉技术开发及应用；云南省鼓励发展西部山区的轻便、耐用、低耗中小型耕种收和植保、节水灌溉、小型抗旱设备及粮油作物、茶叶、特色农产品等农业机械开发与制造等。

（2）《产业结构调整指导目录（2011 年本）修正本》

为加快转变经济发展方式，推动产业结构调整和优化升级，完善和发展现代产业体系，根据《国务院关于发布实施〈促进产业结构调整暂行规定〉的决定》（国发〔2005〕40 号），国家发展改革委员会同国务院有关部门对《产业结构调整指导目录（2005 年本）》进行了修订，形成了《产业结构调整指导目录（2011 年本）》，其中涉及节水的内容包括：鼓励旱作节水农业、保护性耕作、生态农业建设、耕地质量建设及新开耕地快速培肥技术开发与应用；鼓励高效输配水、节水灌溉技术推广应用；鼓励一次冲洗用水量 6 L 及以下的坐便器、蹲便器、节水型小便器及节水控制设备开发与生产；鼓励节水灌溉设备：各种大中型喷灌机、各种类型微滴灌设备等；抗洪排涝设备（排水量 1 500 m³/h 以上，扬程 5～20 m，功率 1 500 kW 以上，效率 60% 以上，可移动）；鼓励农用塑料节水器材和长寿命（3 年及以上）功能性农用薄膜的开发、生产；鼓励多效、节能、节水、环保型表面活性剂和浓缩型合成洗涤剂的开发与生产等。

（3）《高新技术企业认定管理办法》

为扶持和鼓励高新技术企业的发展，根据《高新技术企业认定管理办法》认定的高新技术企业，可依照《企业所得税法》及《企业所得税法实施条例》、《税收征收管理法》及《税收征收管理法实施细则》等有关规定，申请享受税收优惠政策。其中，关于扶持、鼓励节水企业的政策主要包括：① 水资源可持续利用与节水农业：鼓励和扶持水源保护、水环境修复、节水灌溉、非常规水源灌溉利用、旱作节水和农作物高效保水等新技术、新材料、新工艺和新产品。② 城市和工业节水和废水资源化技术：鼓励和扶持生产过程工业冷却水重复利用药剂、技术，管网水质在线检测和防漏技术，各类工业废水深度处理回用集成技术，城市污水处理再生水生产的集成技术，工业、城市废水处理中污泥的处理、处置和资源化技术。

（4）《工业和信息化部关于进一步加强工业节水工作的意见》

2010年5月，为加快建设节水型工业，缓解我国水资源供需矛盾，促进我国工业经济与水资源和环境的协调发展，工业和信息化部制定和发布的《工业和信息化部关于进一步加强工业节水工作的意见》指出，当前工业节水工作重点主要包括：加快淘汰落后高用水工艺、设备和产品；大力推广节水工艺技术和设备，特别是钢铁行业、纺织行业、造纸行业、食品与发酵行业等；切实加强重点行业取水定额管理；严格控制新上高用水工业项目；积极推进企业水资源循环利用和工业废水处理回用；组织开展节水型企业评价试点；夯实工业企业节水管理基础；加强非常规水资源利用。

3）相关经济政策

随着经济社会的发展，如何用经济杠杆来引导节水，成为人们日益关注的重点。节水经济政策作为传统节水管理政策的补充和发展，可分为价格政策、投融资政策和优惠补贴政策三大类，如图2-4所示。

图2-4　节水经济政策

（1）价格政策

供水价格政策是众多其他节水经济政策的基础，传统的价格政策是计量收费和定额取水政策，最近发展起来较受关注的价格政策是阶梯水价和差别水价政策。阶梯水价是指对用水采用分类计量收费和超定额累进加价的制度。将水价分为不同的阶梯，在不同的定额范围内，执行差异性价格，用水量在基本定额之内，采用基准水价。如果超过基本定额，则超出的部分采取另一阶梯的水价标准收费。差别水价是对火力发电、冶金、纺织、石油化工、造纸和酿酒等高耗水、高污染企业用水，一律实行高水价；对节水型、无污染或低污染的企业用水，实行优惠水价。如《北京市民用建筑节能管理办法》《天津市节约用水条例》《无锡市水资源节约利用条例》等就有关于水价的政策规定。

（2）投融资政策

目前，受到关注和鼓励的综合节水投融资政策主要有多渠道融资、贷款贴息和专项基金。节水的融资渠道已由过去的单纯政府投入，发展到企业证券融资、银行贷款融资及各种形式的项目融资等。我国的鼓励政策主要有金融机构贷款引导政策、公用事业特许经营政策等。贷款贴息是指政府以财政拨款形式，替代贷款人承担银行发放信贷时所需收取的相应利息。由于贷款贴息属于一种政府行为的注资形式，因此有时也被看作政府补贴的一种形式。建立专门的基金机构用于节水项目建设及节水企业发展的投资，也是城市综合节水投融资政策的一种重要手段。如《山西省人民代表大会常务委员会关于全面推进资源节约与综合利用的决定》中就有关于节水的投融资政策。

（3）优惠补贴政策

优惠补贴政策是以政府为主体发起的促进节水工作的一系列激励、补偿政策。目前，节水优惠补贴政策可分为税收优惠、政府补贴、收费优惠和资金激励4种。优惠补贴政策是城市综合节水经济政策中涉及主体最为广泛、手段最多的一类政策。如《本溪市节约用水管理办法》、《大连市循环经济促进条例》和《重庆市取水许可和水资源费征收管理办法》等就包括节水的优惠补贴政策。

2. 相关规划

（1）综合性规划

综合性规划包括《国民经济和社会发展第十二个五年规划纲要》《全国水资源综合规划》《长江流域综合规划（2012—2030年）》《辽河流域综合规划（2012—2030年）》等。

①《国民经济和社会发展第十二个五年规划纲要》（2011年）明确规定，我国将实行最严格的水资源管理制度，加强用水总量控制与定额管理，严格水资源保护，加快制订江河流域水量分配方案，加强水权制度建设，建设节水型社会。强化水资源有偿使用，严格水资源费的征收、使用和管理。推进农业节水增效，推广普及管道输水、膜下滴灌等高效节水灌溉技术，新增 3 333 350 万 m² （5 000 万亩）高效节水灌溉面积，支持旱作农业示范基地建设。在保障灌溉面积、灌溉保证率和农民利益的前提下，建立健全工农业用水水权转换机制。加强城市节约用水，提高工业用水效率，促进重点用水行业节水技术改造和居民生活节水。加强水量水质监测能力建设。实施地下水监测工程，严格控制地下水开采。大力推进再生水、矿井水、海水淡化和苦咸水利用。

②《全国水资源综合规划》（2010年）规定，节水型社会建设的实施要深入贯彻落实科学发展观，按照建设资源节约型、环境友好型社会要求，正确处理水资源开发利用和生态环境保护的关系，通过全面建设节水型社会、合理配置和有效保护水资源、实行最严格水资源管理制度，保障饮水、供水和生态安全，为经济社会可持续发展提供重要支撑。同时全面推进节水型社会建设，切实转变用水方式，不断提高水资源利用效率和效益，以及大力发展农业节水。

③《长江流域综合规划（2012—2030年）》（2012年）规定，长江流域节水实施要以

科学发展观为指导，以完善流域防洪减灾、水资源综合利用、水资源与水生态环境保护、流域综合管理体系为目标，坚持全面规划、统筹兼顾、标本兼治、综合治理，注重科学治水、依法治水，处理好兴利与除害、开发与保护、上下游、左右岸、干支流等关系，充分发挥长江的多种功能和综合利用效益，为实现经济持续健康发展和社会和谐稳定提供有力支撑。通过《长江流域综合规划（2012—2030年）》的实施，实现完善流域防洪减灾措施，合理配置和高效利用水资源，加强水资源与水生态环境保护，强化流域综合管理的目的。

④《辽河流域综合规划（2012—2030年）》（2012年）规定，辽河流域节水实施要以科学发展观为指导，以完善流域防洪减灾、水资源综合利用、水资源与水生态环境保护、流域综合管理体系为目标，坚持全面规划、统筹兼顾、标本兼治、综合治理，注重科学治水、依法治水，协调好生活、生产和生态用水关系，促进辽河流域水资源的合理开发、优化配置、全面节约、有效保护和综合利用，为实现经济持续健康发展和社会和谐稳定提供有力支撑。通过《辽河流域综合规划（2012—2030年）》的实施，实现完善流域防洪减灾措施，合理配置和高效利用水资源，加强水资源与水生态环境保护，强化流域综合管理的目的。国务院要求，流域内各省（区、市）人民政府和有关部门要加强领导，密切配合，认真分解落实《辽河流域综合规划（2012—2030年）》提出的各项任务措施，精心组织实施，切实保障流域防洪安全、供水安全、粮食安全和生态安全。

（2）专项规划

专项规划包括《节水型社会建设"十二五"规划》（简称规划）《国家农业节水纲要（2012—2020年）》《全国节水灌溉规划》《水利发展规划（2011—2015年）》《全国农业和农村经济发展"十二五"规划》《全国抗旱规划》《全国新增1000亿斤粮食生产能力规划（2009—2020年）》等。

①《节水型社会建设"十二五"规划》（2010年）在全面总结"十一五"节水型社会建设成效和经验的基础上，认真分析"十二五"节水型社会建设面临的新形势和新要求，明确提出"十二五"时期节水型社会建设的指导思想。《规划》强调，要把落实最严格水资源管理制度作为节水型社会建设的重要内容，全面树立社会和广大民众节水意识，弘扬节水文化，做到经济社会发展和群众生活生产全过程节水，工业、农业、服务业全方位提高用水效率，实现水资源可持续利用，支撑经济社会可持续发展。《节水型社会建设"十二五"规划》提出节水型社会建设的目标：到2015年，节水型社会建设取得显著成效，水资源利用效率和效益大幅度提高，用水结构进一步优化，用水方式得到切实转变，最严格的水资源管理制度框架以及水资源合理配置、高效利用与有效保护体系基本建立。

河南省根据《中共中央关于加快水利发展的决定》（2011年）、《国务院关于实行最严格水资源管理制度的意见》（国发〔2012〕3号）和《河南省国民经济和社会发展第十二个五年规划纲要》的要求，组织编制了《河南省节水型社会建设十二五规划》。《河南省节水型社会建设"十二五"规划》在认真总结"十一五"期间节水型社会建设经验和存在问题的基础上，综合考虑水资源供需态势、生态与环境状况、经济技术水平等因素，深入研究进一步推进节水型社会建设的重大问题，以提高水资源利用效率和效益为核心，以制度创新为动力，转变用水观念和用水方式，并提出了"十二五"期间节水型社会建设的目标任务：到 2015 年，节水型社会建设取得显著成效，水资源利用效率和效益大幅度提高，用水结构进一步优化，用水方式得到切实转变，最严格的水资源管理制度框架以及水资源合理配置、高效利用和有效保护体系基本建立，全省用水总量控制在 255.34 亿 m^3 以内，全省万元 GDP 用水量降低到 72 m^3 以下，比 2010 年下降 27%，全省万元工业增加值用水量降低到 34.3 m^3，比 2010 年下降 26%；农业灌溉用水有效利用系数提高到 0.60。

陕西省按照水利部统一要求，组织编制完成了《陕西省节水型社会建设"十二五"规划》。《陕西省节水型社会建设"十二五"规划》指出，到 2015 年，全省万元 GDP 用水量下降 42%，工业水重复利用率从 2009 年的 65% 提高到 2015 年的 70%；万元工业增加值用水量下降 33%；全省灌溉水利用系数从 2009 年的 0.53 提高到 2015 年的 0.55；全省设市城市供水管网漏失率不超过 15%，节水器具普及率达到 70% 以上，县以上城镇再生水利用率达到 30% 以上，非常规水资源利用总量约 3.63 亿 m^3，水功能区水质达标率达到 69% 以上。为实现上述目标，《陕西省节水型社会建设"十二五"规划》确定了陕西省节水型社会建设的重点区域和重点领域，通过全面加强节水型社会 6 个方面的制度建设和实施一批重点节水工程项目，来保障规划目标的实现；确定工农业及城镇生活节水、非常规水源利用、能力建设等 5 方面共 246 个项目，总投资 97.72 亿元。

云南省按照水利部统一要求，组织编制了《云南省节水型社会建设"十二五"规划》。《云南省节水型社会建设"十二五"规划》在全面总结"十一五"期间节水型社会建设取得的成就、深入分析面临的形势和要求的基础上，明确了"十二五"期间节水型社会建设的目标与任务，分析了各区域的建设重点，提出了农业节水、工业节水、城镇生活节水和非常规水源利用四大领域的节水目标及水资源保护目标，并且明确了保障措施。《云南省节水型社会建设"十二五"规划》提出了云南省节水型社会建设的目标：到 2015 年，节水型社会建设取得显著成效，水资源利用效率和效益明显提高。全省万元 GDP 用水量下降 30%，下降到 198 m^3/万元（2005 年可比价）以下，全省万元工业增加值用水量下降 30%，下降到 82 m^3/万元（2005 年可比价）以下，全省农业灌溉用水有效利用系数提高到 0.52。

②《国家农业节水纲要（2012—2020 年）》（2012 年）明确提出了 2012 年至 2020 年我国农业节水发展的指导思想和工作方针、目标任务和政策导向、分区和分类指导、工程措施和支撑体系、体制和机制创新，以及组织领导和实施等内容，对推进节水灌溉发展农业节水进行了顶层设计，为规划编制、政策完善、工程建设、管理改革提供了指导。《国家农业节水纲要（2012—2020 年）》的出台，对于促进我国水资源可持续利用、提高粮食综合生产能力、转变农业发展方式、降低农业生产自然风险具有巨大的推动作用。

③《全国节水灌溉规划》（2012 年）深入贯彻落实科学发展观，深入分析灌溉发展面临的新形势和新要求；立足于国家宏观发展战略，以提高农业用水效率和效益、增强农业综合生产能力、保障国家粮食安全和生态安全、推进农业和水利现代化为目标；加快灌溉基础设

施建设，建立灌溉发展新机制，科学指导、有序推进灌溉事业发展，促进灌区现代化建设，全面夯实国家粮食安全和农业现代化的水利基础，采取"自上而下、自下而上、上下结合"的工作方式，充分利用现有资料，结合全国水利普查等成果，摸清我国灌溉发展的现状及存在的主要问题，研究提出我国灌溉发展的总体思路，制定我国灌溉发展的战略对策，逐步形成全国、省级、县级灌溉发展规划体系，并根据经济社会发展现状、水土资源开发利用现状，分析未来保障粮食安全对灌溉发展的需求，分析不同区域水资源对粮食生产的支撑能力，提出未来灌溉发展潜力，进行水土资源匹配关系和平衡状况分析。

④《水利发展规划（2011—2015年）》（2011年）明确指出，在大中型灌区续建配套节水改造方面，要抓紧修订实施新一期全国大型灌区续建配套节水改造规划，集中加快建设进度，到2015年基本建成大江大河综合防洪减灾体系，基本完成重点中小河流重要河段治理，全面完成水库除险加固任务，基本建立山洪地质灾害重点防治区监测预报预警体系；全面解决2.98亿农村人口和11.4万所农村学校的饮水安全问题，水利工程新增年供水能力400亿 m^3，新增农田有效灌溉面积267万 hm^2（4 000万亩），并突出加强农田水利建设，着力加强防洪薄弱环节建设，大力提高城乡供水保障能力，加快构建水生态安全保障体系。《水利发展规划（2011—2015年）》规定，水利改革管理的三项重点工作为：依法治水管水、加快水法规体系建设；提高社会管理水平、理顺体制机制；实践水利高科技、水利创新发展。

⑤《全国农业和农村经济发展"十二五"规划》（2011年）要求加快发展资源节约型农业。积极推广渠道防渗、管道输水、喷灌滴灌等农业节水技术，大力发展高效节水灌溉，新增333万 hm^2（5 000万亩）高效节水灌溉面积。采用地膜覆盖、集雨补灌、保护性耕作等技术，积极发展旱作农业，加快建设旱作农业示范基地。加快大型灌区、重点中型灌区续建配套和节水改造，在水土资源条件具备的地区，新建一批灌区，增加农田有效灌溉面积。实施大中型灌溉排水泵站更新改造，加强重点涝区治理，完善灌排体系，并充分发挥现有灌溉工程作用，力争完成70%以上的大型灌区和50%以上的重点中型灌区骨干工程续建配套与节水改造任务。加快推进小型农田水利重点县建设，加强灌区田间工程配套。因地制宜兴建中小型水利设施，支持山丘区小水窖、小水池、小塘坝、小泵站、小水渠等"五小水利"工程建设。稳步发展牧区水利，建设节水高效灌溉饲草料地。

⑥《全国抗旱规划》（2011年）要求坚持科学调度管理水资源、加强抗旱工程建设、推行节约用水的生产生活方式三者并举，全面规划、统筹安排，加快建设抗旱减灾体系，保障城乡居民生活用水安全和经济社会可持续发展。要重点做好以下工作：一是科学配置水资源，全面提高水利工程体系的抗旱能力。完善和优化国家、流域和区域水资源配置格局，充分挖掘现有各类水利工程的抗旱功能，强化应急联合调度，提高调控水平和整体抗旱能力。二是因地制宜建设农村、乡镇和城市抗旱应急备用水源工程，为城乡居民饮水安全和农业生产用水提供有效的应急保障。三是建设覆盖全国的旱情监测预警站网，加快建设抗旱指挥调度系统，为抗旱指挥和决策调度提供有力支撑。四是以县乡两级抗旱服务组织为重点，加强

抗旱管理服务体系建设，提高抗旱机动送水和浇地能力。做好抗旱物资储备。五是加强抗旱减灾基础研究及新技术应用，积极开展国际交流与合作，充分吸收借鉴国际先进技术和经验，不断提高我国抗旱减灾科技水平。

⑦《全国新增 1 000 亿斤粮食生产能力规划（2009—2020 年）》（2009 年）规定，为了增加粮食产量，应适度新建水源工程，增加灌溉供水，扩大灌溉面积，加快防洪排涝体系建设，加大现有灌区续建配套及节水改造力度，完善灌溉设施，提高灌溉保证率和排涝标准；加强灌区续建配套和节水改造，提高灌溉水利用率和效益，提高农田防洪除涝标准，并发展旱作节水农业，加强雨水集蓄利用和淤地坝等建设；加快耐旱粮食品种培育和推广，普及地膜覆盖、注水播种抗旱保苗等农业节水技术；加快实施大型及部分重点中型灌区骨干工程续建配套与节水改造，发挥灌区改造的整体效益，新增和改善有效灌溉面积，提升灌区管理水平和信息化水平，提高灌溉保证率和水资源的利用率。

第 3 章

节水型社会建设监管体系

节水型社会建设是一个以强制性制度变迁为主、诱致性制度变迁为辅的过程，不仅需要水利部门发挥重要作用，更需要各级政府发挥主导作用。节水型社会建设需要以制度建设为核心，以运行机制为关键。为了加快节水型社会建设进程，政府部门应在各地节水型社会建设监管经验基础上 建立一套完善的监管体系，从而保障节水型社会建设的顺利进行。

3.1 我国节水型社会建设监管经验及存在的问题

节水型社会建设过程中，监管体系起着非常重要的作用。我国节水型社会建设监管体系已初步形成，同时仍有诸多问题需要解决。

3.1.1 我国节水型社会建设监管经验

我国在节水型社会建设实践中，已取得了一定的监管经验，主要表现在以下几个方面。

1. 改革行政管理体制，已初步建立市场机制

长期以来，我国节水设施经营管理以行政管理经营为主体，即地方政府或水行政部门行使水权、财权。水费上缴到地方财政后，再通过一定方式进行划拨，行政过多地干预了节水管理权限和正常秩序，导致灌区事企不分，缺乏活力与积极性，既不利于灌区经济发展，也不利于灌区科学管理和综合管理水平提高。

节水型社会建设以来，改革用水制度，使用水区在各级水务行政部门宏观指导下，拥有基本的经营管理自主权，即自主行使流域或水务管理部门分配水量范围内调配水权，独立核算、自负盈亏的财权和工程管理权，使之成为按企业化管理、自我发展的经济独立实体，通过改革行政管理体制，真正做到产权明晰、权责明确、自主经营和自我发展。

为加快改革行政管理体制，相关部门加强了监管力度，制定和实施节水行政许可配套监管工作流程，规范节水监管相关工作程序和要求。

2. 发挥经济杠杆作用，已初步建立节水经济激励机制

在市场经济条件下，无论是供水单位还是需水单位和个人，都以追求最大经济效益为目标。因此，充分利用经济杠杆作用，对供水、需水及节水用具有重要影响。然而，经济杠杆在我国水资源分配过程中很少或者根本没有发挥应有作用，水费价格不仅较低，而且与供水成本之间有较大差距，导致供水单位缺乏节水积极性，需水单位不珍惜宝贵水资源，节水成为可有可无的事情，节水也就成为空中楼阁。

节水型社会建设以来，我国已建立一套节水经济激励机制和惩罚机制，制定了一系列具有可操作性的节水指标，奖励与惩罚并举，对于完成节水指标的用户给予适当奖励，对于未完成的用户，给予适当惩罚。同时，建立了水权交换机制。水权是水资源管理的重要手段，在水资源管理方面具有重要作用，用户通过水权交换机制将自己所拥有的水权在市场上进行交换，进而实现水资源的更有效分配。

为了使节水经济激励机制更好地发挥作用，相关部门成立了节水监控中心，并配备了专职或兼职监控员，完善了节水监管机制，对用水大的区域进行定期和不定期检查，并加强节水宣传工作，提高公民节水意识，使得用水量得到有效控制，从而保障了节水经济激励机制的有效实施。

3. 用水户参与决策，初步建立民主管理运行机制

节水工程建设和实施，离不开用户参与，一切技术和措施最终都要通过用户实践来实现，用户是节水主体，其行为和素质在某种程度上最终决定着节水的成败。因此，用户参与决策，建立民主管理机制是节水型社会建设不可缺少的重要因素之一。目前，江苏、山东、安徽、河南和河北等省进行试点，由各级地方政府、水行政主管部门、节水专管单位负责人和用户组成节水管理委员会，一切重大决策通过节水管理委员会决定，或者成立用户自己选举的具有法人地位的自我管理组织（用水协会），有关节水工作由灌区和协会共同协商来解决。通过试点，取得了较好效果。

为保证民主管理运行机制顺利实施，确保节水决策的科学性，相关部门加强对节水管理委员会和灌区协会的监督，逐步提高了参与人员的节水意识。

4. 建立科学的水价体系，促进地表、地下及降水联调

我国长期缺少科学的水价体系，原有的水价体系，没有充分地考虑区域水资源状况，缺乏调控力度，导致地表水、地下水价格比例失衡，难以刺激地表水、地下水及降水等联合调度，导致水资源的不合理开发利用。

节水型社会建设以来，我国政府以水价改革为突破口，建立了科学的水价体系与管理体制，制定了符合市场经济发展规律的水价管理办法，做到成本补偿、合理收益，体现一般商品的价值规律，并适当考虑供求关系，采取市场调节，按供求关系调整水价，实行动态水价和超计划累进加价制度。

3.1.2　我国节水型社会建设监管存在的问题

我国水资源利用方式粗放，在生产和生活领域存在较严重的结构型、生产型和消费型浪费，用水效率不高，节水潜力巨大。现行管理体制和相关政策难以形成有效的节水监管机制，造成水资源短缺与水资源浪费共存的尴尬局面，使得管理单位的监管积极性不高。目前，我国节水型社会建设监管方面存在的问题主要表现在以下几个方面。

1. 监管体制不够完善

随着市场经济的发展和不断完善，我国水资源监管体制方面的问题日益凸显。"多头管理、职责不明、条块分割"等问题长期存在。目前，这种"多龙管水"的水资源监管体制，责、权、利不清，所有者、运营者与监管者主体缺失或模糊不清，特别是水资源监管体制的漏洞与僵化，不能适应市场经济发展与水权（水资源）市场健康发展的需要。水资源监管体制不够完善还体现在相关法律中：第一，尚未发布和实施专门的水资源监管法律，明确赋予国家水资源监督管理机构的监管地位及法律职责；第二，尚未在相关法律中对水权制度、水权运营、水资源监管机关进行确认和保障。为此，应加强节水有关法律法规的衔接与配套，同时制定相对完备的操作性与程序性规定，确保相关法律法规及政策行之有效。

2. 监管主体不够明确

目前，水资源管理部门在很大程度上是政府部门的附属物，其主要生产经营活动由政府或相关主管部门安排或者说受到多方面限制，使之缺乏实质性生产经营自主权，弱化了市场机制对水资源的配置作用；水资源管理部门只是以政府代理人身份对节水基础设施进行经营和管理，并非真正的投资主体，只是代表真正的投资主体（政府）履行具体的行政管理职责。水资源管理部门既不能从具体的管理活动中获得作为所有者的收益，也无须对投资承担风险，导致自身激励弱化，从而不利于节水市场监管。

3. 监督人员素质有待提高

目前，有的节水监管人员由于缺乏系统培训，整体素质不高。加之手头缺少监管手册，很多时候仍然依靠传统检查方式或监管经验来进行检查、监管，对于节水监管内容、监管方式，心中茫然，监管的针对性、目的性不强。

4. 监管组织结构安排不够合理

节水型社会建设监管涉及众多部门，长期以来，水资源供求管理存在权能混乱现象。在供给管理上，没有实行有效的用水许可制度，不能使缺水地区水资源有效分配，实现水资源的合理配置；在水资源管理体制上，存在职权不清、多头管理、责任不明、组织结构安排混乱等弊端，从而导致各机构之间协调性差、管理效率低。同时，由于各级水行政管理部门的责、权、利不明确，使得水资源监管部门组织松散、结构混乱、机构重叠设置，导致许多不必要的中间管理环节和管理人员增加，致使供水成本费用较大。

3.2　发达国家监管经验和启示

3.2.1　发达国家监管经验

国外节水工作起步比较早，技术和设施较为先进，人们节约资源的意识也普遍较高。目前，发达国家节水型社会建设较为成熟，有关节水型社会建设的监管经验主要表现在以下几个方面。

1. 完善节水法律体系，建立高效监管机构

虽然有些发达国家并未颁布专门的节水法律，但其根据实际情况及时出台一些有针对性的水事法律，采取行政管理手段，依法管理水资源，最终实现了综合节水目标。例如，英国早在 1944 年就颁布了水资源保护法律，后来又对其进行补充完善，并于 1991 年颁布了《水资源法》《土地排水法》《水事管理法》，于 1995 年颁布了《环境法》，逐步形成了一套比较完善的节水法律体系，并依据法律体系配套建立了相应监管机构，从而保障严格按照法律体系监管水资源科学的开发和利用。

日本自 20 世纪 50 年代以来，先后颁布了《日本水道法》《水质保护法》《工厂废水控制法》《环境污染控制法》和《水污染控制法》等法律，还制定了《节约用水纲要》，以动员市民共同努力建设节水型城市。

发达国家在完善水资源法律体系的同时，非常重视建立全国性、地区性和流域性水管理机构，以加强节水管理。日本的水资源监管由 5 个省分管，分别主管农业节水、工业节水、生活节水等方面的具体事务。其中，国土厅在水供求计划基础之上编制了全国长期节水计划方案。此外，日本还于 1985 年成立了"推行节水型城市委员会"，以进一步引导全国节水工作。

以色列节水监管部门分 3 级，水务委员会为最高级别的管理机构，负责有关行政法规及技术措施的实施工作。而地方机构的职责是管辖其行政范围内所有的用水计量，并监督各种水的供应、废水排放条款及禁令的执行情况。此外，还有一些公众团体如水协会、计划委员会、水务法庭等，主要是接纳和处理一些对水管理中不合理、计划错误的行为等反对意见。

2. 把握水域特色，强化水资源监管模式

世界上无论是丰水的国家（如美国、欧洲等），还是水资源短缺的国家（如日本、阿拉伯等国家），都已将水资源监管体制作为社会建设过程中的一项重要内容，使之受到广泛关注。

目前，世界范围内的水资源监管体制大致可分为三大类：一类是行政区域管理为主、流域机构管理为辅的管理体制，以美国、加拿大、澳大利亚等国家为代表；一类是以流域机构管理为主的监管体制，以欧洲一些国家为代表；一类是以各个部门管理为主的监管体制，以日本为代表。

美国并未设立统一的监管机构监管水资源，而是由国会授权联邦政府相关水资源权利，例如管理和开发水资源，有几个负责监管水资源事务的机构（如陆军工程师团、田纳西管理局等），这些机构都负责解决相应的水事务，并归属于联邦政府管辖，这是一种自成体系的监管模式。在此过程中所存在的协调机构（如水资源理事会、各河流流域委员）并不负责监管水资源，而只负责协调在水资源管理过程中所遇到的问题。

英国负责流域监管的机构是流域水务局，在英国流域水务局拥有较多职责，如水资源控制工程及污水处理系统等。英国于 1989 年对流域管理机构进行了重大改组，将政府对水资源的监管和保护分开，也就是通过改组解决了政府在开发利用水资源的同时所带来的水资源破坏现象。同时，英国在改组中还成立了流域处理局，并同时在 10 个流域区相应设立了河流监管处。

流域处理局作为国家一级的水资源处理机构，主要负责水污染监测、水资源管理，并征收一些相关水费（如排污费等），所征收的费用与政府拨款一并用于水流域基础设施建设。

日本的农林水产省负责农田开发和灌溉；建设省负责防洪与河道治理；通商产业省负责发电和工业用水。国土厅综合协调机构又统一监管上述机构，负责编制全国河川水系的综合规划与制订水资源供求计划，包括中期与长期计划，同时，也负责审议水资源开发计划。建设省在负责河道管理的同时，还负责多目标水坝的建设和管理。

3. 精准驾驭水权，合理配置使用水资源

水权制度关系到水资源开发、利用、治理、节约、保护、配置等各个方面，建立健全水权制度是实现水资源优化合理配置的必然之路。

由于水资源的流动性和稀缺性，世界上大多数国家都对水资源实行国家所有权制度。以色列政府早在 1959 年颁布的《水资源法》中就明确规定，全国水资源归国家所有，由国家统一调拨使用，任何单位或个人不得随意开采地下水。以色列《水法》中还规定：每个公民都享有用水的权力，并具体规定了用水权、水计量及水费率等内容。

美国的水资源虽然非常丰富，仅次于巴西、俄罗斯、加拿大，排在世界第四位，但却十分注重水资源管理，主要运用水权制度来约束规范用水行为。美国西部实行的占用优先原则历史悠久，在早期西部开发时，土地开发和利用中对水资源的引取就不受河岸权的限制，后来这种制度通过通报取水意图并在地方司法部门记录报告内容而渐渐正规化。占用优先原则不认可用户对水体的占用权，但承认对水的用益权。其主要法则：一是时先权先，即先占有者有优先使用权；二是有益用途，即水必须用于能产生效益的活动；三是不用即作废。美国在水资源分配时是以满足优先权需要和实施"有益的"经济活动为原则。在市场经济机制下，水资源的开发和利用必然追求资源配置过程中效益的最大化，水权的销售和转让既是客观事实，也是实现水资源优化配置的重要手段。在自由市场经济条件下，销售和转让行为都是由买卖双方自愿进行的，不是因政府为了满足特定的计划目标而通过再分配来实现的。在多数情况下，水权的转让是从较低收益的经济活动转让到较高经济收益的活动中去的，通常是灌溉农业用水向城市和工业用水进行转让，从而发挥水资源最大的经济效益。例如，1998 年 4 月，帝王谷灌区和圣地亚哥签署了一份协议，帝王谷灌区从节约的水量中向圣地亚哥出租 3.7 亿 m^3 的水使用权，并得到相应付款，以此加强节水措施的实施。

4. 重视农业节水，提高水资源使用效率

以色列水资源贫乏，人均水资源占有量只有 365 m^3，耕地占有的水资源量为 4 050 m^3/hm^2。然而，以色列的农业节水效果全世界最佳，以色列所采用的节水技术也处于世界领先水平，主要表现在以下几个方面。

（1）制定严格的农业节水政策，提高灌溉水利用率

通过制定一系列节水政策来约束人们的消费行为是非常必要的，以色列在这方面积累了许多成功经验。一是政府扶持与农民参与结合，建立健全农业节水投入机制。在以色列，国

家供水工程投资全部由国家负担，但对供水系统的运行维护费用则由用水者承担70%，其余部分由政府来负担。国家负责建设和管理骨干水源与供水管网，将灌溉水送到基布兹（一种集体农庄组织）或莫沙夫（由个体农户组成的合作社）的地边。农场内部分节水灌溉设施建设全部由农场主自己负责，经费有困难时，可向政府申请不超过总投资30%的补助，银行还可提供长期低息贷款，由政府担保。二是制定合理的水价政策体系。将经济杠杆引入到农业节水中，统一全国水价，通过建立补偿基金（对用户用水配额实行征税筹措）对不同地区进行水费补贴。根据对不同部门的供水，实行有差别的水价，用较高的水价和严格的奖罚措施激励节水灌溉。

（2）大力发展管道输水技术，降低输水损失

以色列管道输水技术堪称世界第一。国家输水工程从加利利湖抽水，两级泵站扬程365 m，然后用衬砌渠道和大型管道向南输送。以国家输水工程为主体，通过修建管道、抽水站、加压泵站，将全国各地区域性供水系统联成一个整体，形成统一调度、联合运用的巨大供水管网系统。该管网系统共有7 500 km之多的输水管道，连接全国1 400 余眼管井、25个水库和400多个水塘，供给全国3 500多个乡镇、工矿企业和灌溉用水。日供水量最高达450 万 m³，全年供水量达到12 亿 m³。使用管道输水，使输送效率达到了95%以上。有了高效率输水保障后，以色列的农业灌溉更加追求高效科学用水，创造、推广了滴灌、雾灌、喷灌等精确灌溉节水技术，而且全部灌溉系统都是由计算机控制，只在农作物根区局部充分发挥水、肥混合作用，然后再根据不同土壤、气候、设备等因素来科学定制不同作物的灌溉方法。同时，还开展生物技术研究，紧密配合农艺措施，使得水的有效利用率达92%。每立方米水创造的农业产值达到2.08 美元，在世界灌溉史上创造了辉煌奇迹。以色列全国节水灌溉面积已发展到25 万 hm²，占总耕地面积的55%左右。

（3）加强水资源科学管理，加大污水治理再利用力度

以色列为了缓解水资源供需矛盾，非常重视水资源战略管理。为实现更好的管理效应，政府专门设置了职能部门——水利委员会，其主要职责是负责制定水利政策、分配额度、制订用水计划与水资源发展规划，以及防治污染、开发废水、研制海水淡化设备等。此外，以色列在建国不久，就先后制定了《水法》《量水法》《水井控制法》等，对水权、用水额、水费征收、水质控制等作了详细规定。在地表水和地下水利用方面，以色列实行联合调度、统一使用，地表水和地下水开发利用均实行取水许可证制度，打井和利用地下水必须经过政府批准。为了控制水污染，以色列制定了严格的法律，并且非常重视废水的回收再利用。以色列是全世界废水利用率最高的国家，城市废水回收率达到40%以上，每年大约有2.3 亿 m³经过处理后的废水用于农业生产，对于使用净化废水和污水灌溉的农户实行优惠价格，其水费按照洁净水的1/3 收取，从而激励了农户使用净化水的热情。

5. 做好社会综合协调工作，支持节水事业

（1）合理规划产业结构，减少不必要的水资源浪费

当今世界节水工作有一大趋势，就是在缺水地区发展耗水量小的工业和农业，种植耗水

小、效益高的经济作物,同时,压缩耗水量大的工业和农作物的种植,从而使有限的水资源发挥最大效益。世界上一些科技强国在这方面做得较好,如美国和日本近些年通过调整工业内部结构,压缩一些耗水量大的化工、造纸行业,甚至利用海外投资将部分耗水量大的工业转移到国外,而在国内主要发展耗水小的电子信息产业,使工业用水量大幅度下降。

(2)加大资金投入,开发节水新技术,寻求替代水源

节水工作是一项持久性、复杂性、高投入的综合项目,需要多方面共同努力协作,更需要大量资金投入,以开展新技术、新材料的研发。发达国家不论在工业节水、农业节水,还是在城市生活节水等领域,都非常重视开发节水新工艺、新技术,依靠科技进步节约水资源。如美国在大多数地区采用激光平地后的沟灌、涌流灌、畦灌等节水措施,使得美国在1980年灌溉用水达到最高峰后持续下降,其灌溉用水1975年为1 930亿 m^3,1980年为2 070亿 m^3,1995年为1 950亿 m^3,1999年为1 850亿 m^3。在城市生活节水方面,以色列、美国、日本等国主要通过引进节水型器具,如流量控制淋浴头、水龙头出流调节器、小水量两档冲洗水箱、节水型洗盘机和洗衣机等,可使家庭用水量减少20%~30%。此外,发达国家还投入大量资金探求新型水源,如开展污水治理回用、海水淡化或直接利用、人工增加雨水利用等,为解决水资源短缺开辟了新道路。

(3)加强宣传力度,提高全民节水意识

当今,世界各国都开展多种形式的保护水资源和节水宣传教育活动。如日本、韩国、澳大利亚、美国、加拿大等国家主要通过学校、新闻媒体来教育青少年,大力宣传节约用水的重要性。众所周知,1993年1月18日,联合国大会通过决议,将每年的3月22日定为世界水日,以此开展广泛的宣传教育活动,提高公众对开发和保护水资源的认识,并且每年世界水日都有一个特定主题。

3.2.2 发达国家监管启示

通过分析国外发达国家节水型社会建设监管经验,并针对我国节水型建设的特点,可供借鉴的节水型社会建设监管启示如下。

1. 完善法律法规体系,为节水型社会建设提供法律保障

完善水资源管理的法律法规,是实现水资源价值和可持续利用的有效手段。通过完善水资源管理的法律法规体系,为水资源的开发、利用、治理、配置、节约和保护提供制度安排,调整与水资源有关的人与人之间的关系,并间接地调整人与自然之间的关系,是落实水资源法治的重要前提。

为了实现水资源的有效管理,需要理顺现有法律法规,真正做到有法必依、执法必严、违法必究。为此,要做好以下工作:进一步明晰和细化有关法律法规条款,增强可操作性;加强执法力度,规范执法行为,严格遵守执法程序;加强培训,进一步提高执法人员素质;健全建立统一监督管理和分工负责制度,加大监管力度。

2. 强化制度体系建设，为节水型社会建设奠定坚实基础

制度体系建设是节水型社会建设的核心，应从以下 6 个方面展开行动。

（1）建立和完善以流域管理为主的水资源综合管理体制

完善流域与区域相结合的水资源管理体制，明确流域和行政区域的管理职权，开展流域水资源管理体制改革试点，探索建立各方参与、民主协商、共同决策、分工负责的流域议事决策机制和高效执行机制。同时，还要加强流域水资源统一规划、统一配置、统一调度，合理划分流域管理与行政区域管理、监督的职权范围和事权，做好突出以流域管理为主的水资源管理体制相关工作。

（2）建立健全用水总量控制和定额管理制度

确定流域和行政区域用水总量控制指标，并且加快制订主要江河特别是北方河流的水量分配方案，从而明晰流域与各行政区域用水总量控制目标。此外，还要全面制定用水定额，完善用水定额标准及管理体系，在开展水平衡测试和分析现状用水水平的基础上，按照职责分工，结合节水型社会建设的发展需要，科学制定各行政区域内用水定额。特别要指出的是，重点区域和重点领域的用水定额和节水标准要争取率先制定。

（3）完善取水许可和水资源有偿使用配置制度

配套完善取水许可制度，严格申请受理、审查决定取用水的管理程序，加强对取水、用水的监督管理和行政执法力度。尽快根据水资源和水资源承载力分析展开全面的水资源论证，在论证的基础上，全面推行水资源有偿使用制度。加紧制定水资源费征收使用管理暂行办法，加大水资源费征收力度，加强对水资源费征收使用的监督管理。

（4）建立健全节水减排机制

加强对入河排污口的监督管理，特别是新建、改建、扩建入河入湖排污口要进行严格论证，强化对主要河流和湖泊的管制，坚决杜绝饮用水水源保护区内的直接排污口。另外，要依据国家排污标准和入河入湖排污口的排污控制要求，合理制定取用水户退排水的监督管理控制标准。同时，还要严禁直接向江河湖海排放超标工业污水和利用渗坑向地下退排水的恶劣行径，加大处罚力度，维护水源清洁卫生。

（5）完善水价形成机制，推行农业用水计量收费

按照补偿成本、合理收益、优质优价、公平负担的原则，进一步完善水价形成机制。以节约用水、提高用水效率、合理分配水资源、促进水资源可持续利用为核心，充分考虑到我国水资源紧缺的现状，力求使水价能够全面反映开发利用的成本、水资源保护、补偿供水、污水处理等项目的合理成本。此外，在农业生产中推进用水计量收费，逐步完善农业水费计收办法，推行到农户的终端水价。涉农问题无小事，要根据中央政府有关惠农政策，结合解决"三农"问题的策略，认真做好推进农业用水价格改革工作，保证农业稳步健康发展，并将农业供水各环节水价纳入政府价格管理范围之内，切实减轻农民负担。

（6）制定鼓励使用非常规水源的激励措施

淡水资源非常紧缺，因此，必须尽快制定鼓励使用非常规水源的激励措施，积极引导用

水对象根据自身情况选择使用咸水、海水、污废水等，政府给予减免水资源费、降低供水水价、财政补贴等相关优惠政策，促进多使用非常规水，以替代常规水源。这样，不仅可减少淡水使用量，而且还可减少水污染，提高水资源利用效率。

3. 调整产业结构，优化配置水资源

国民经济各产业的发展对于水资源的需求是不相同的，其中，农业消耗了大量水资源，而一个国家的强大要求发展精锐的工业。因此，随着国民经济快速稳步发展，工业对于水资源的需求量在逐年增长，这就要求采取有效措施来保障工业健康稳定发展。农业的节水潜力最大，加大力度对农业进行节水化发展，有利于整个国民经济的协调发展。通过产业结构的优化升级，积极采取节水措施，挖掘节水潜力，合理优化第一、第二、第三产业的水资源配置，按照"以水定产业结构"要求进行产业结构调整，可使有限的水资源保障国民经济的持续发展和社会进步。

4. 加大政府投入，拓展节水融资渠道

各级政府应继续加大对节水灌溉和灌区节水改造的投入，加大对工业节水技术的改造支持力度。对用水监测与计量设施安装和改造、非常规水源利用等方面给予专项资金支持。中央财政还应对生态环境脆弱地区节水灌溉示范给予适当补助。同时，中央及地方各级政府应按建设目标和任务，积极安排专项资金重点支持节水型社会试点及示范区建设。

要积极引导社会资金参与节水型社会建设，鼓励民间资本投资，拓宽融资渠道，完善政府、企业、社会多元化节水投融资机制，加快融资步伐，将资金投入到节水设备（产品）生产、农业节水、工业节水改造、城市管网改造、污水处理再利用等重大项目上，加快节水型社会建设步伐。

5. 加强宣传教育，提高节水意识

开展水资源教育宣传活动，充分利用广播、电视、报刊、互联网等各种媒体，深入宣传节水的重大意义，不断提高社会公众的水资源忧患意识和节约意识，动员全社会力量参与节水型社会建设。另外，要强化舆论监督，公开曝光浪费水、污染水的不良行为。

除进行大量宣传外，还要大力开展群众性节水活动，倡导节水生活方式，增强珍惜水、爱护水的道德意识和自我约束意识。要加强节水教育，将水资源节约知识纳入学校教育内容，设计精巧的故事在潜移默化中熏陶青少年，使中小学生从小养成节水行为习惯，树立节约用水光荣的良好社会风尚。

3.3　节水型社会建设各参与主体的博弈机理

3.3.1　各参与主体行为分析

节水型社会建设参与主体主要包括三大部分：中央政府、地方政府和用水户。

1. 中央政府

中央政府是管理一个国家全国事务的国家机构总称，代表国家利益，在建设节水型社会中主要从国家角度出发，充分发挥政府的宏观调控和主导作用。在全国范围内，推进水资源开发利用方式从粗放型向集约型、节约型转变；发展节水型农业、工业和服务业，以水资源的可持续利用促进资源、经济、社会和生态环境协调发展；保障国家的用水安全；以协调统筹生活、生产、生态用水需求为出发点，注重水资源的节约、保护和优化配置，为经济社会可持续发展提供水资源保障。

党中央、国务院非常重视节水型社会建设。2000 年，《中共中央关于制定国民经济和社会发展第十个五年计划的建议》就首次提出建立节水型社会。2012 年，党的十八大报告明确要求全面促进资源节约，加强水源地保护和用水总量管理，推进水循环利用，建设节水型社会，进一步突出强调了建设节水型社会对于整个经济社会发展的重要战略意义。目前，《水法》和《水法实施细则》确立了个人或团体用水行为的基本原则和规范。针对无效耗水行为，已实施了《水污染防治法》及《水污染防治法实施细则》。

2. 地方政府

与中央政府相比，地方政府具有有限的权力。考虑到地方经济社会的发展，地方政府首先要满足本辖区内用水，并采取相关节水型社会建设的措施。例如：天津市在评估当前用水效率的基础上，因地制宜地发布用水定额，实施用水定额管理，努力建设用水和纳污总量控制与定额管理相结合的制度，制定《天津市深层地下水开采控制方案》《天津市地下水保护行动计划》和《天津市排污总量控制方案》，并重点推动了《工业行业综合用水定额》的制定工作。徐州市根据区域水资源和水环境承载能力，提出全市各行业和各灌区的用水总量、排污总量指标，并参照《江苏省工业和城市生活用水定额研究报告》，制定行业用水定额、主要工业产品用水定额、主要农作物用水定额和城乡居民生活用水定额。

在国家有限的水资源条件下，尤其是缺水地区，期望被分配到更多的水资源。人多水少、水资源时空分布不均，水资源承载能力与生产力布局不匹配是我国的基本水情。长期粗放的经济增长方式加剧了我国水资源问题的严重程度，引发了干旱缺水、洪涝灾害、水污染和水土流失等一系列生态环境问题。对于缺水地区来说，水资源状况是影响区域社会经济、生态环境的重要诱因。因此，这类地方、区域更希望能够获取更多的水资源。

一般地，水资源系统具有如下基本特征：① 系统性和整体性。水资源系统的生态环境要素相互联系、相互影响并相互制约，局部水体水质的破坏对区域生态环境的影响将会波及水资源系统整体。② 动态性。水资源系统是一个动态系统，永远处于运动和变化过程中，总是随着时间而变化。作为水资源系统的结构特性，区域水体的水质存在周期性及非周期性的波动，如人类活动对水体的干扰产生水文循环状况、水环境质量的改变等。③ 开放性和复杂性。正是水资源系统的开放性，使得生态环境系统的结构和功能及其相互关系复杂多样，其中，水资源系统对外界输入的非线性响应特征尤为突出。鉴于以上基本特征，诸如长江等流域从上游到下游会途径多个省份和城市，地方政府会认为此类区域的水治理并非依靠当地力量可以独立解决，也是无法彻底解决的；也会认为当地的某些污染源并非来自本地，或是水污染是由多区域共同造成的。因此，地方政府不愿意对于水治理、水污染投入过多的精力、财力，期望由江河流域其他管辖区域来完成。

3. 用水户

为营造良好的节水型社会建设外部环境，虽然在全国范围内不断加强生态文明宣传教育，构建了公众全面参与节水型社会建设的机制，但大量用水户仍倾向于从个人利益出发，考虑自身的用水成本及需求量，作为用水个体，关注重点是如何以最低成本来满足自身用水需求，而对于是否污染水资源、治污成本高低、是否影响他人用水安全等方面的关注度不高，水忧患意识、环保意识和生态意识有待提高。

3.3.2 各参与主体利益冲突分析

利益冲突有广义和狭义之分。广义的利益冲突是指不同利益相关者之间存在利益对抗、利益纠纷和利益争夺等比较激烈的冲突，包括不同主体之间在一般意义上存在的利益差别、分歧、竞争、缺乏协调等不激烈的现象。狭义的利益冲突专门指不同主体之间激烈的利益对抗、争夺等，它是利益矛盾积累到一定程度所表现出来的一种比较激烈的对抗性互动过程。利益冲突源于个体之间存在的差异，各利益主体都是站在自身角度，以此满足自身利益最大化的诉求。节水型社会建设过程中，有中央政府、地方政府和用水户三大核心利益主体，要实现节水型社会建设，必须认真分析各利益相关者诉求，重视利益主体在节水型社会建设过程中所起的作用。

1. 中央政府与地方政府之间的利益冲突

中央政府和（省级）地方政府是两个不同的利益相关者。中央政府是全体社会公众的委托代理人，是以达到节水建设、可持续发展，实现经济与环境效益的和谐、统一与均衡为目标，对地方政府进行管理；而地方政府则是中央政府之下，管理一个区域行政事务的政府组织，是实际环境资源的直接管理者和控制者。中央政府与地方政府之间的利益博弈集中在两个方面：一是在节水、治水的投入方面，地方发展目标与上级发展目标存在差异；二是在中央政府实施宏观调控政策下，地方政府对中央政府的对抗现象。由于节水、治水会耗费大量人力、物力、财力。因此，一旦中央政府下达治理政策，地方政府作为下级组织，必须遵守中央政府提出的各项目标要求，但由于节水、治水工作的困难性，地方政府可能会存在"讨价还价"现象，甚至存在不遵守的可能性。如果中央政府对违规不遵现象没有相应的惩罚措施，或惩罚力度不够，放松调控力度，必然会使地方政府认为违反中央政府决策的成本很低，从而更不受约束，变本加厉地追求利益最大化，由此造成地方节水工作停滞不前，严重影响政府形象。

2. 地方政府之间的利益冲突

地方政府作为代表本地区利益的团体利益相关者，更多考虑的是其辖区内的居民利益，而对其他辖区的居民利益考虑甚少。地方政府为了最大限度地保有本地区资源，防止外流，并积极吸引其他地区的资源流向本地，与其他辖区之间存在利益冲突。特别是水污染，会损害相邻地区的利益。例如，在有些江河流域的上游，地方政府为了优先满足本地居民需求，不加节制地用水甚至舍弃环保，为发展经济不惜以牺牲环境、肆意排放污染物为代价，本地区独享收益，而处在相邻地区或同流域下游地区不得不承受共同的环境灾难。在治理工作中，地方政府之间相互推脱，不愿意承担过多的人力、物力和财力，都想以较低成本在经济发展中受益。由于地方政府都采取相应的地方保护策略，专注于地方发展，从而使节水、治水工作难以得到有效实施。

3. 地方政府与用水户之间的利益冲突

为了建设节水型社会，地方政府会制定相应的指标来达到既定的环保目的，同时对用水户进行监督检查。而被规制的用水户要考虑节水、治水的额外收益和成本，为了实现自身利益最大化，在各项指标的约束下，也会采取相应措施。当地方政府放松对用水户的管制或者节水、治水成本较高时，企业为了短期利益，通常会减少工业污染的整治次数，任意排放，不加以治理，不能完成相应指标，对此，地方政府会通过制定惩罚政策和加大惩罚力度来进行控制，这样，循环往复，最终将达到一个利益平衡点。

4. 用水户之间的利益冲突

实施节水型社会建设，就会要求人们在节约水资源消耗、合理利用水资源、积极参与节水治水事业等一系列问题上以可持续发展为准则，这必然会影响一部分既得利益者的行为模式。就用水户而言，人们的思想观念、生活生产方式及消费理念都要因为节水型甚至可持续发展观念的变化而作出相应改变。因此，用水户之间的利益冲突是客观存在的。以企业为例，企业是节水型社会建设与发展的主要责任承担者，节水型社会建设会从不同角度、以不同方式对企业及其相互间的利益关系产生影响。污染性企业在选择厂址时通常会选择远离城区、交通便利的地方，这样既可加强企业与环境的资源共享，又可加强对企业排污治水等行为的集中控制，这样，企业之间在节水治理方面就会存在"搭便车"的现象。从污染防治角度看，有存在不希望与其他企业合作治理污染，而希望从别的企业对环境污染的控制中获取好处，自身不必承担费用的可能。企业间的相互推脱，不愿承担责任，是节水治水工作不能顺利开展的重要因素。

3.3.3 各参与主体利益均衡分析

水资源的特性及其利用的外部性使得节水型社会建设各参与主体之间产生相互影响，致使各参与主体在节水型社会建设过程中出现利益关系。利益均衡是在一定的利益格局和体系下出现的利益体系相对和平共处、相对均势的状态。保障节水型社会建设各参与主体的利益均衡，对于调动各参与主体建设节水型社会的积极性具有举足轻重的作用。

1. 中央政府与地方政府之间的利益均衡分析

在节水型社会建设过程中，中央政府的利益出发点是整个国家，要从全国角度出发，在保证全国用水安全的基础上，对水资源进行合理调配，以满足全国各地的用水需求，保障供水；地方政府的利益出发点是对于其所管辖区域，期望在国家有限的水资源条件下，被分配到更多的水资源，满足辖区内用水需求。中央政府和地方政府的利益焦点在于对水资源的分配。为此，中央政府可根据国民经济发展目标，采用科学的方法确定年用水定额指标，再根据各区域社会经济发展需要，从全国区域间利益均衡角度进行指标分解，并对各地实际用水情况进行考核评价，纳入地方政府绩效考核评价体系中。

2. 地方政府之间的利益均衡分析

水资源严重短缺是公认的事实，并且这种短缺将随着区域社会经济的发展而进一步加剧。在可利用水资源总量已确定的情况下，水资源在各地区之间的分配必然涉及各地区利益。例如，若某些地区增加水的利用量，带来的直接后果是这些地区经济水平有更大的增长，因而从中得到利益。然而，这些利益的获得是建立在其他地区经济损失的基础上的。在这种情况下，一方受益必然导致另一方遭受损失，也就是说，各地区间的利益关系是相互对抗的，这种冲突必然导致以利己为原则的地方政府的决策具有"损人利己"的特性，打破各地方政府之间的利益格局，阻碍节水型社会建设。为此，各地方政府应意识到，节水型社会建设的目的是提高全社会水资源的利用效率和效益，促进全社会水资源的可持续利用。各地方政府应摒弃自由取水、各自为政的做法，树立大局观念，在保障本辖区用水的同时，兼顾其他地区的用水需求，促进水资源在全社会的优化均衡配置。

除了水资源的分配问题，各地方政府在水污染治理上也同样存在利益关系，尤其是水流域跨经多个省市时，由于水是流动的，各地方政府对于水污染治理，不愿意投入过多的精力、财力，期望由河流的其他管辖区域来完成，陷入"囚徒困境"。然而，各地方政府也应认识到，正是由于水的流动性，若只有某一个地区治理水污染，其他地区都不治理，那也是徒劳的，水的流动性决定了水污染问题不能依靠单一地区的治理而得到解决。只有流域各地方政府之间协调配合，形成联动机制，共同治理，才可能真正解决水污染问题。虽然治理水污染要付出一定的成本和代价，但是水污染一旦得以解决，必定会惠及整个流域。

3. 地方政府与用水户之间的利益均衡分析

各地方政府要对其行政区域内的水资源进行再分配，满足用水户的用水需求；也要治理水污染，保障供水安全；而用水户则往往是将个人利益放在首位，完全根据自身收益和成本选择用水行为，并且不会考虑水污染问题，导致政府与用水户之间充满各种矛盾。在用水户没有自我约束的情况下，政府的外部约束和限制只能保证水资源利用中的秩序和程序公正，不能根本消除矛盾与对立，也不能实现真正意义上的水资源最优利用。为此，各地方政府可根据实际情况，制定合理的用水定额，严格实行用水收费、超定额加价、排污收费等制度，一方面可为政府治理水污染提供资金，减小治水资金压力；另一方面，用水与经济利益挂钩，用水户会在经济利益驱使下，节约用水、减少对水资源的污染，从而实现地方政府与用水户之间的利益均衡。

4. 用水户之间的利益均衡分析

水资源的利用直接影响到每个人的利益及生活、生产和未来发展。通常情况下，用水户都是以个人利益为中心，主要关注如何以最低成本来满足自身用水需求，而不在乎是否污染水资源、是否影响他人用水安全。事实上，在水资源总量有限的条件下，用水户对水资源的利用是此长彼消的关系，某一用水户增加用水量，就会减少其他用水户的可用水量，影响其他用水户的用水公平性。此外，只要有一个用水户向水体排放污染物，整个水体就会被污染，所有从该水体中取水的用水户的用水安全都将受到威胁，全社会水质性缺水的矛盾也会更加尖锐。总之，在个人主义驱使下，用水户的行为将使全社会的用水状况越来越差，最终威胁每个用水户的个人利益。为此，作为节水型社会建设最广泛、最基本的参与主体，每个用水户都应认识到自己的社会责任，从全体用水户的利益出发，积极采取行动，节约、保护水资源。唯有每个用水户都切实行动起来，才能真正构建节水型社会。

3.4　完善我国节水型社会建设监管体系的建议

3.4.1　完善监管制度体系，创新监管体制机制

我国应建立政府调控、市场引导、公众参与的节水型社会管理制度体系，充分发挥政府在节水型社会建设中的主导作用，保证公共利益和水资源可持续利用；坚持发挥市场机制作用，促进水资源高效利用；鼓励社会公众广泛参与，充分调动广大用水户参与水资源管理的积极性。

1. 加强法律法规体系建设

我国虽然在《水法》中已有关于建立节水型社会的原则性规定，以及一些配套法规，但缺乏基本的节水法规，有关节水型社会建设的法律法规体系还不够完善。为此，需要加快节水型社会建设相关法律法规体系建设，补充、修改和完善水资源保护、开发、利用相关法律法规，将节水型社会建设纳入法制化、规范化轨道，为节水型社会建设提供必要的法治基础。

2. 建立健全用水总量控制和定额管理制度

要确定水资源的宏观控制指标和微观定额指标，明确各地区、各行业、各部门乃至各单位的用水指标，确定产品生产或服务的科学用水定额，通过控制用水指标实现节水。缺水地区要以用水总量控制为主，实施用水总量控制与定额管理相结合；丰水地区要突出用水定额管理，提高节水减污水平。

3. 健全取水许可制度和水资源有偿使用制度

水资源的稀缺性决定了水的价值，稀缺程度决定了水资源价值的大小，因此，为了保护有限的水资源，应制订用水计划到位、节水目标到位、措施到位、管理到位等各项制度措施，来保证各个用水户实现计划用水和节约用水。要制定水资源费征收使用管理办法，根据地区水资源条件和经济水平合理调整水资源费征收标准，完善水资源费的征收程序。

4. 建立健全排污许可制度和污染者付费制度

要完善排污总量控制制度，根据排污总量控制指标分配排污权，发放排污许可证，建立健全排污权交易制度，促进排污许可权交易。要完善污染者付费制度，根据各地区水资源条件和经济发展水平，适时、适度、适地调整污水处理费的征收范围和征收标准，用严厉的惩罚措施制止超标准排污行为。

5. 建立合理的水价形成机制

水价是水资源管理的经济杠杆，对水资源的优化配置和节约用水起着十分重要的作用。目前，我国尚未将水价作为真正促进节水的经济调节机制，其对节约用水和促进水资源优化配置的作用未能充分发挥。面对日趋严重的水资源危机，政府应建立科学合理且有较强可操作性的节水水价制度，以实现节约用水、缓解水资源的供需矛盾。总体来说，节水水价应按照补偿成本、合理收益、优质优价、公平负担的原则，在统一管理的前提下兼顾各地区不同行业的特点分类定价，调整节水水价在一定的限制范围内，充分考虑到社会各类用水户的承受能力。此外，还要合理确定和调整回用水价格，促进中水回用和再生污水利用。

6. 完善水权交易制度

水权交易制度是节水型社会经济调节的基础，随着我国水权交易市场的逐步完善，今后的主要任务是逐步建立符合区域实际的水权交易制度、交易规则和规范交易行为。允许水权拥有者通过水权交易市场，平等协商，将其节约的水有偿转让给其他用户，提高全社会的水商品意识，培育和发展水市场，形成合理利用市场配置水资源的有效机制。

7. 建立节水投入保障机制和节水激励制度

从水资源费、超计划与超定额加价水费、排污费等收费中，提取一定比例资金和地方财政补助经费，作为节水管理专项资金。建立配套的节水专项奖励、财政补助、减免有关事业性收费等制度政策，鼓励和支持节水技术发展。

8. 建立节水宣传制度

当前，我国节水型社会建设还在初步探索阶段，从整个社会范围看，全社会的节水意识尚未形成，许多节水措施未得到贯彻执行，节水的实际成效与可持续发展的要求还有很大距离，需要建立节水宣传制度，广泛开展政策、法规学习宣传教育活动，加大节水宣传力度，提高全社会的水忧患意识和节水意识，提倡节水型的文明消费，最终实现由命令型节水管理到公众参与型节水管理的转变，推动全国范围节水型社会建设。

9. 实施系统化、多层级、多目标优化管理

水资源系统本身是一个高度复杂的非线性系统，其功能与作用是多方面、多层次的，这就决定了水资源管理是一个系统化、多层级、多目标优化的综合问题。节水型社会建设和监管是一个系统工程，涉及众多方面，如农业、水利、科技、气象、城建、环保、宣传、计划等。在以往的水资源管理中，各个部门各管一段，缺乏系统考虑，其最终结果必然是有利则争、无利则推，使水资源开发利用短期化，持续发展思想很难贯彻落实到实际工作中。加强和发展流域水资源的统一管理，已成为一种世界性趋势和水资源管理的成功模式。

3.4.2　加强监管机构建设，提高监管执行力度

面对依然严重的水资源浪费现象，我国应进一步加强监管机构建设，强化节水监管队伍建设，规范节水监管工作，加大节水奖惩力度，将节水监管工作落到实处，切实提高监管执行力度。

1. 加强监管机构建设

节水监管工作涉及多个部门和单位，为有效提高节水监管工作实效，应加强监管机构组织建设，成立节水监管工作领导小组，统一指导、协调、统筹、管理节水监管各项工作，使各相关部门和单位既分工明确、各司其职，又便于其沟通与合作，形成节水监管工作合力，推进节水监管工作的开展。

节水监管工作领导小组由水务、发改、教育、科技、财政、住建、规划、环保、农业、统计、质监等主管部门相关领导组成，主要负责指导、协调、统筹、督促各项工作。各主管部门之间明确分工，各主管部门内部责任到具体单位，明确主要负责人及联络员。

水务部门可作为节水型社会建设的主要组织部门，负责节水型社会制度建设、用水定额相关标准的制定及研究、建立健全城市节水管理机构、制订节水投资年度计划、统计节水数据、全面开展节水宣传活动、进行地下水和自备水源的管理、推进节水"三同时"、对用水户开展用水定额管理和计划用水管理、建设完善全市污水处理系统、推行企业水平衡测试工作、开展非常规水源利用、进行水功能区整治及水源地保护，同时还要配合各行业各部门的节水工作，确保各考核指标达到预期水平。

工业和信息化部门主要负责企业节水的督促、管理等工作，对工业用水进行定额管理和节水技术管理等，同时协助节水型企业的创建工作，并与发改、水务和环保等部门进行工业产业调整、企业节水管理及排污管理方面的工作。

住房和城乡建设部门在项目规划审批阶段，充分考虑项目节约用水情况、用水定额及节水技术的采用等；在项目建设阶段主要负责项目建设节水管理，包括节水"三同时"制度的落实、节水项目验收、节水器具的配置等。

环境保护部门主要进行工业废水排放的管理，实施排污总量控制方案，开展节水宣传，参与开展再生水开发利用，协助实施河涌整治，水质保护方面的节水工作等。

发展和改革部门应在产业目录制定、立项审批等各方面充分考虑节水要求，协助节水型企业的创建工作；负责供水水价制度、用水户超额用水加价收费制度、居民生活用水阶梯水价制度的制定、调整和实施。

财政部门主要负责节水项目资金的落实和监管，并配合做好节水资金投入的汇总统计工作。

统计部门主要负责节水基本经济数据、生产数据等的汇总、统计和发布。质量技术监督局依法对节水产品生产企业进行产品质量监管，对生产不合格产品的企业依法予以查处，推行节水标准的规定和发布。

教育部门应将节水宣传、普及节水知识、组织节水专题活动纳入学校教育中；在各类各级学校中开展普及节水知识、节水征文比赛等活动。

科技部门主要负责落实与节水相关的科研课题的研究，并从科研经费方面予以资金支持。

2. 强化节水监管队伍建设

节水监管是一项专业性较强的工作，节水监管人员专业素养的高低直接影响着节水监管工作的成效。为此，节水监管主管部门应注重节水监管队伍的能力建设。首先，要加紧组织人员编写节水监管手册，明确监管事项、监管内容、监管方法、监管技巧，内容涵盖节水监管业务各个环节，注重实用性。其次，要加强节水监管人员业务培训，可采取专家授课、参观考察等多种形式，内容涵盖节水各方面知识，使其掌握基本规章制度、业务操作规程、信息技术运用、业务系统操作及业务检查方法，从而提高监管队伍素质，提升基层监管执法能力，为节水监管工作的全面开展做好人才储备。

3. 规范节水监管工作

节水监管是一个"系统工程"，涉及部门众多，其有序的开展离不开规范化、制度化、程序化。节水监管人员应严格执行节水监管工作要求，设计节水监管工作台账，健全节水行政许可配套监管工作流程，规范节水监管工作程序和要求。通过数据分析，适时调整每一阶段节水监管工作重点。实行划片监管，责任到人，并将节水监管纳入个人工作考核绩效之中，提高监管人员的警惕性，加强对监管人员的管理，保证监管工作有效实施。除此之外，加强与相关执法、业务部门的沟通，以联合执法、加强后续手段等夯实执法成果，保证执法效果。

4. 加大节水奖惩力度

依据有关法律法规，结合当地实际情况，加大对节约用水光荣的奖励力度，实施奖罚分明的政策措施，迫使用水者将被动节约变为主动节约用水。建立举报有奖，而且给予重奖的激励机制，发挥广大群众监督的功能与作用，协助水利管理部门和节约用水监督部门管理好水资源，彻底遏制私自开采地下水的现象，对以前已存在的地下水私自开采用户要依法查处，并且给予主动申报的机会，主动申报者可从轻处理；对隐瞒不报者，被执法查出来后严格处理。对于那些私自开采的用水大户，在加大执法力度之后仍然置若罔闻的，要依法依规从严、从重处罚，对于抗法行为应当追究其破坏水资源的刑事责任。

3.4.3 发挥信息技术优势，实现监管信息共享

计算机互联网、数据库、通信等信息技术的飞速发展和普及，改变了人们传统的消费理念和习惯，创新了各行各业的发展模式。在全社会享受信息技术带来的福利时，对于复杂而艰巨的节水监管工作，有必要将"数字化"、"信息化"引入其中。

1. 创新水资源管理模式

互联网的广泛使用及其他传媒技术的进步，使无论在科学界还是在普通大众中传播水

文、水资源和其他科学信息都变得更为及时方便。利用先进的技术手段，包括计算技术、遥感技术、通信技术等，是今后水资源管理的方向。使用计算技术建立水资源管理体系，包括建立各种用途的数学模型、地理信息系统、管理信息系统等，在水资源管理中具有重要价值。水资源管理的数学模型可从不同流域、地区、城市、城镇体系以及使用对象、模型功能等方面加以考虑，研制相应的管理模型及计算机软件。目前在多数发达国家中，利用计算技术和遥感技术，普遍开发了水资源方面的地理信息系统、管理信息系统及相关的各种辅助系统，这是加强水资源管理强有力的技术手段。这些强有力的技术手段在水资源管理过程中形成的大量数据信息，为水资源利用及监管工作奠定了坚实基础，有助于大幅提升节水监管水平，促进节水型社会建设。

2. 构建节水监管信息共享平台

利用计算机网络信息化技术，统一应用集成架构，规范数据类型和标准，以政府牵头、部门共建共享为原则，以各部门原有的业务系统信息为基础，以实时动态的信息采集登记为保证，建立统一、标准的节水监管信息共享平台，促使相对分立的各节水主管部门业务系统走向统一协作的集中管理，即在格式统一的基础上，将各节水主管部门业务系统数据定时集中传输到公共平台，由公共平台接收数据后再进行分类、整理、储存；同时也能共享查询，满足各节水主管部门获取信息的需求。通过现代化技术手段，使信息资源在交互使用过程中价值最大化。

为了能够更好地实现节水监管信息共享，政府相关部门应建立分工明确、互助协作的组织网络。在组织体制上，要明确一个政府机构作为横跨节水部门间信息共享工作的责任主体，并赋予法定职权，履行行政管理职能，具体牵头负责协调各节水部门信息的提供、交换、分类、储存与共享，负责对各节水部门信息建设和共享的考评与奖惩，使节水监管信息平台的开发利用建立在统筹规划、共享和保护相协调的基础上，明确各职能部门主要负责人为第一责任人，确保监管信息共享平台运作所需要的人员、资金、措施保障到位，并配备责任心强、业务精通的人员具体负责操作，严格按照规定时限、具体要求高质量完成监管信息共享流程，从而逐步形成节水监督管理程序化、规范化、网络一体化的新模式。

第 4 章

节水型社会建设技术支撑体系

建设节水型社会，不仅需要完善的法律法规和制度体系，而且需要强有力的技术支撑体系。无论是水资源开发还是节约用水，均需要开发和应用相关技术。

4.1 我国水资源开发利用及 节水相关技术现状

4.1.1 我国水资源开发利用及节水相关技术

1. 常规水资源利用及节水相关技术

1）常规水资源利用

常规水资源也称作传统水资源，主要是指人类可直接利用的地表水和地下水，其中，地表水主要包括河流水、湖泊水和水库水等，目前，地表水和地下水是我国水资源利用比较充分而广泛的两种水资源。

我国河流流域广阔，灌溉着广大耕地面积，哺育着两岸人民，为两岸的人们提供生活用水和工业用水。

我国部分地区（如河南、安徽、江苏等地）的农业灌溉用水和农村生活用水是来自地下水，城市生活用水和工业用水以河流、湖泊水为主，地下水为辅。尽管我国是一个河流众多的国家，但由于河流分布不均，南方水量较为充沛，北方河流较少，总体上说，我国是一个严重的缺水国家，由于经济、技术水平的影响，常规水资源的开发利用存在诸多问题，如水资源利用率较低、水污染严重等。

2）节水相关技术

节水相关技术可分为农业用水节水技术、工业用水节水技术、生活用水节水技术和跨区域调水技术。

（1）农业用水节水技术

农业节水用水技术包括渠道防渗技术、低压管道输水灌溉技术、喷灌技术、微灌技术等。

① 渠道防渗技术。渠道防渗外壁有防冲、防淤、防坍塌作用，能够保持渠道稳定，保证输水安全，减少渠道输水损失，节省投资及运行费用。

② 低压管道输水灌溉技术。以管代渠，可以减少输水过程中的渗漏与蒸发损失，提高灌溉水的利用率，具有省水、节能、节地、易管理、省工省时等优点，社会效益和经济效益显著。管道灌溉系统直接在田间供水管道上安装一定数量的控制阀门和灌水软管，并手动打开阀门、用灌水软管进行灌溉。

③ 喷灌技术。喷灌是将有压水送到灌溉地段，由喷头喷射到空中散成细小的水滴，洒落在土壤表面进行灌溉的技术。喷灌不产生深层渗漏和地面径流，减少田间渠道占地，灌水均匀，可节水、提高灌溉水利用率、提高土地利用率、促进作物增产。喷灌系统主要由水源工程、首部装置、输配水管道系统和喷头等组成，设备及工程投资较高。

④ 微灌技术。微灌是将有压水输送分配到田间，通过灌水器以微小的流量湿润作物根部附近土壤的技术，又分为滴灌、微喷、小管出流灌、渗灌等形式。微灌是目前节水、增产效果最好的节水灌溉技术。微灌系统主要由水源、首部枢纽、输配水管网、灌水器，以及流量、压力控制部件和量测仪表等组成，设施投入比较大，管理要求非常精细。

（2）工业用水节水技术

工业用水节水技术是指可提高工业用水效率和效益、减少水损失、可替代常规水资源等的技术。包括直接节水技术和间接节水技术。直接节水技术是指直接节约用水，减少水资源消耗的技术。间接节水技术是指本身不消耗水资源或者不用水，但能促使降低水资源消耗的技术。

工业节水技术种类繁多，目前在我国已开始使用或鼓励使用的技术见表 4-1。

表 4-1　国家鼓励的工业节水工艺、技术和装备目录

序号	工艺技术名称	工艺技术内容
一、共性通用技术		
1	电吸附中水脱盐装置	通过施加外加电压形成静电场，强制离子向带有相反电荷的电极处移动，使离子在双电层内富集，大大降低溶液本体浓度，从而实现对水溶液的除盐，与膜法除盐技术相比，该技术具有运行成本低、适用范围广、维护便捷等优势
2	反渗透海水淡化技术	主要利用膜法进行海水淡化。海水经混凝、沉淀、过滤预处理，再经反渗透膜装置淡化海水。一般大型反渗透海水淡化系统还要配套能量回收系统，以回收浓海水的高压能量，降低系统制水能耗。对于火电发电机组，单位节水量约 0.78 m^3/MWh
3	余能低温多效海水淡化技术	集成利用煤气-蒸汽"零"放散、蒸汽梯级利用、低温多效海水淡化等技术制备海水淡化水。采用耦合式盐平衡的工艺，实现海水淡化水替代新水，并与污水处理厂回用水生产工业水，实现污水"零"排放。海水淡化浓盐水供给周边化工企业，进行盐化工

序号	工艺技术名称	工艺技术内容
4	新型高浓缩倍率循环水处理技术	采用含有聚膦酰基羟酸、AHPSE、AMPS 等成分的碱性水处理复合配方高效水质稳定剂和固液分离器，使循环水中的结构离子晶格形态变成球状，具有优良的阻垢、缓蚀、预膜和抑制菌藻生长的作用，实现工业循环冷却水高浓缩倍数运行，使补水量占循环冷却水量的比例低于 1.2%
5	反渗透浓缩液电解回收技术	将反渗透浓缩液经微电解脱盐后重新回用的新技术，将内电解过程集成于反渗透系统，研制完整的含有内电解处理浓缩液的反渗透设备，使反渗透总回收率提高 7%～10%
6	利用低温热源的 LTE-ZLD 高含盐废水回用技术	利用高效传热技术，在小温差下，回收低温热源产生蒸汽，供 ZLD 系统处理回收含盐废水，形成了基于低温能源利用的高含盐废水零排放成套工艺装备（LTE-ZLD）。其建设成本与国外相比约 50%，运行成本节约 70%。废水回收率达 95%以上，较常规的技术提高 10%以上
7	太阳能光热低温多效海水淡化技术	集成聚焦集热系统、全自动太阳能跟踪驱动控制等技术生产高温蒸汽，并利用真空条件下海水低温沸腾蒸发的物理特性实现海水的多效蒸馏海水淡化，该技术配置高温相变储热系统，缓冲太阳能光热系统的热输出，可延长海水淡化系统工作时间，提高产水量和系统热效率
8	冷却塔水蒸气回收技术	是一种冷却塔水蒸气回收再利用系统，实现工业冷却塔蒸发水蒸气高效回收再利用，减少系统补水量，回收率可达 80%以上。回收装置安装在冷却塔风筒内，扇叶下方除水器上方。由内置导风扇叶的吸气罩与导风管连接，导风管从风筒内穿出与汽水分离器进汽口相连，汽水分离器出汽口通过导风管与轴流风机进风口相连。回收水通过与汽水分离器出水口相连的排水管回收到冷却塔蓄水池
9	焦化废水膜处理回用集成技术	集成分子活化降解、纳滤和反渗透等技术深度处理回用生化处理后的焦化废水。纳滤装置出水作为循环水系统补水，反渗透装置出水用于锅炉补水
10	焦化废水微波处理回用集成技术	集成生物脱氮、微波、超滤和反渗透等技术处理回用焦化废水。主要由生物脱氮处理系统、微波深度处理系统、双膜处理系统、污泥处理系统 4 部分组成
11	焦化废水芬顿氧化处理回用技术	集成生物强化、高效优势菌种、芬顿高级氧化等技术处理回用焦化废水。主要包括预处理、生物脱碳脱氮、高效沉淀池、芬顿高级氧化及污泥脱水等设施。该技术不需要投加稀释水
12	城市中水和钢铁工业废水联合再生回用集成技术	集成高效沉淀、均速过滤、超滤和反渗透等技术处理回用城市中水和工业废水，采用高密度沉淀池、V 型滤池、超滤装置、反渗透装置等设施。工艺路线："高密度沉淀池+V 型滤池"处理利用城市中水；"高密度沉淀池+V 型滤池+多介质+超滤+反渗透+混床"处理回用钢铁综合废水

序号	工艺技术名称	工艺技术内容
13	钢铁综合污水再生回用集成技术	集成预软化、强化澄清、均速过滤和反渗透等技术处理回用综合污水。主要采用多流向强化澄清池、V型过滤池、杀菌装置、反渗透装置等设施,并通过勾兑净化水和脱盐水控制水系统盐平衡
14		提高用水效率,实现废水"零排放"。其中集成高效沉淀过滤等技术处理回用综合污水,采用高密度澄清池、V型滤池等设施;集成电解、生化等技术处理焦化废水回用于水冲渣和钢渣冷却等,采用DY超电位电解、BAF曝气生物滤池等设施
15	多功能电化学水处理器水质稳定技术	基于电化学微电解原理,通过处理装置阴极板捕集水中钙镁离子,同时该装置产生具有防垢杀菌作用的中间产物、线态氧等,使循环水系统达到水质稳定的效果。在补充水硬度小于600 mg/L,电导率小于600 μS/cm的条件下,可节水50%
16	转炉烟气干法除尘技术	可以替代转炉烟气湿法除尘,主要由蒸发冷却器和静电除尘器等组成。蒸发冷却器内向高温烟气喷入水雾,水雾完全汽化,通过汽化吸热来降低烟气的温度,再通过静电除尘器净化。吨钢节水0.25 m³
17	焦化酚氰废水电气浮再生回用集成技术	集成电气浮、A²O、膜生物反应器(MBR)、电催化氧化等技术处理回用焦化废水。电气浮采用不溶性电极,在水中设置正负电极板,并通入低压直流电使电极微小气泡。废水回用率70%
18	钢铁废水再生回用集成新技术	集成高效沉淀、过滤和电吸附等技术处理回用综合污水,采用絮凝沉淀池、恒速过滤池、电吸附脱盐装置等设施;集成微气泡气浮、超滤、生化、DCI和电磁波等技术处理回用乳化液废水,采用气浮池、陶瓷超滤装置、A²O生化设施、DCI装置等;集成电磁波和点吸附技术处理回用焦化废水,采用电磁波、电吸附模块脱盐装置,以及触媒镁光石、氧化剂等
19	直立炉低水分熄焦装置	采用全密封排焦和熄焦,冷水在密闭排焦箱内直接喷淋使兰炭降温,兰炭水分控制在10%左右,与湿法熄焦相比,吨焦耗水由25%降至10%
20	半焦废水湿式催化氧化再生回用集成技术	集成除油预处理、生物脱氮、中温中压湿式催化氧化、膜分离等技术处理回用半焦废水
		二、电力行业
21	直接空冷技术	将汽轮机排出的乏汽引入空冷换热器中,通过与环境空气直接换热后将其冷却为凝结水。由于没有表面蒸发,从而大大降低水耗量。单位节水量约1.52 m³/MWh
22	表面式间接空冷技术	密闭循环水作中间冷却介质冷却汽轮机排出的乏汽后,经冷却塔换热器与环境空气进行热交换,放热后返回凝汽系统。实际运行效果中以竖向布置散热器为优。单位节水量约1.24 m³/MWh

续表

序号	工艺技术名称	工艺技术内容
23	城市中水再利用技术	净化处理再利用城市中水,达到工业使用标准;主要处理单元有生物处理单元、过滤(含膜过滤)单元。单位节水量约 0.83 m^3/MWh
24	循环水泵运行方式调节技术	对水冷机组,循环水泵有关补水量、端差、真空度、循环泵单耗、温度或过冷度等各运行参数,通过机组试验,测算比较,确定循环水泵运行方式,实现合理取水。单位节水量约为 0.39 m^3/MWh
25	循环冷却排污水再生技术	再生处理回用循环冷却排污水并重复利用。主要工艺流程为:混凝沉淀+超滤+反渗透。单位节水量约 0.8 m^3/MWh
26	循环冷却水系统加酸处理技术	向循环水体加酸,使水中的碳酸盐硬度转化为非碳酸盐硬度,变暂时硬度为永久硬度,防止循环水浓缩时析出碳酸钙。另外,反应中生成的游离 CO_2,有利于抑制析出碳酸盐水垢。单位节水量约 0.55 m^3/MWh
27	空冷机组工业取水处理技术	集成工业废水回用、城市中水利用等技术,实现厂内废水和城市中水资源化利用。工艺路线:曝气生物滤池→机械加速搅拌澄清池→变孔隙过滤。单位节水量约 0.45 m^3/MWh
28	循环水余热利用技术	以热泵为循环水余热热能提取装置,回收供热机组排汽冷凝热,同时保持机组循环水与热泵驱动蒸汽互补,热泵接带基本负荷、热网加热器参与尖峰调节。单位节水量约 0.15 m^3/MWh
29	底渣水系统闭式循环改造技术	将省煤器水冷式圆顶阀改为无须冷却水的陶瓷阀,以渣水循环泵出口水代替原圆顶阀开式冷却水补入捞渣机水封槽。单位节水量约 0.05 m^3/MWh
30	水务在线管理技术	通过水务在线监测管理,对节水统计指标在线跟踪,对溢流和废水外排在线监控;实现各用户对多路水源的自动优化选择,各水池、水箱对水位的自动控制,正常运行中自动计算各种损耗,发生异常时发出报警。单位节水量约 0.04 m^3/MWh
三、石化行业		
31	SFXZ 系列洗井水处理技术	该技术主要由高速旋流除油器和旋流气浮处理器构成。高速旋流除油器利用密度差分离不互溶介质液体;旋流气浮处理器利用旋流和气浮技术分离悬浮物。洗井水经装置处理后可用于地下回注水
32	ZYEM 高效生物菌剂石化含油污水处理技术	采用 ZYYS 工艺装置,利用 ZYEM 高效生物菌剂(在特定条件下驯化的各种优势菌群,并浓缩加工成系列生物产品),使污水快速建立有效降解脂肪族和芳香族有机物的生物群,形成 H_2O 和 CO_2。工艺路线:油水分离+ZYEM 处理+固液分离
33	石化污水气浮生化过滤再生回用成套技术	采用生化、化学氧化工艺,并结合缓蚀、阻垢、生物控制技术处理回用石化污水。工艺路线:生化+化学氧化+过滤

序号	工艺技术名称	工艺技术内容
34	炼油污水集成再生回用技术	采用氧化沟、高效接触氧化、纤维过滤组合工艺，利用有效的生物膜技术，降低废水中 COD、氨氮和油。利用 A/B 法 MBR 技术、污泥大回流技术、MBR 工艺控制技术降低污水石油类及污水冲击对膜的影响，降低膜污染。实现炼油污水再生回用
35	钛白粉废水多级吸附及脱盐再生回用技术	该技术采用新型超支化聚合物，填入专用预处理反应器，对高盐污水进行吸附、螯合等降盐处理。处理水再经专用抗污染特种膜件脱盐处理。与传统工艺相比，节水优势明显。工艺路线：污水净化 + 多级吸附 + 除杂过滤 + 脱盐。工艺水总回收利用率 $\geqslant 95\%$；电导率为 $100 \sim 150 \, \mu S/cm$；脱盐率达 98% 以上
36	全高钛渣钛白粉生产水洗工艺技术	采用 100% 酸溶性高钛渣生产，相比传统钛铁矿生产或渣矿混合生产，铁等杂质含量低，大幅提高水洗速度降低水耗。同时，原工艺一次水洗、二次水洗都使用半盐水，工艺改进后，只在二次水洗使用半盐水，而一次水洗套用二次水洗的洗后水
37	油田采出水深度处理回用注汽锅炉技术	集成除油、气浮、除硅、两级过滤、两级软化技术处理回用油田采出水
38	两段法陶瓷超滤冷凝水回用技术	采用微滤和无机膜超滤技术处理回用 120℃ 以下的工艺冷凝水，处理达标后用于锅炉补水。该技术流程短、自动化程度高、运行能耗低
39	"三法净水"污水回用技术	采用微电解絮凝法、微气浮氧化法、沉淀组合过滤法 3 种工艺对高硬度、高浊度的石化生产废水进行处理，去除其中的重金属、胶体和其他污染物，再针对回用水质要求，利用多种膜技术对废水进行全部或部分脱盐，从而实现回收利用
40	凝结水活性分子膜超微过滤组合多官能团纤维吸附技术	先将凝结水经过在线甄别系统检测，符合进水要求的水进入原水箱，经原水泵加压依次进入超微过滤器、纤维吸附罐以脱除凝结水中的机械杂质及大部分油污和金属离子，处理后的净化水符合中压锅炉进水要求，进入净水箱作为中压锅炉补水
41	炼油废水 COBR 深度处理及电渗析脱盐组合工艺	集成臭氧催化氧化、内循环 BAF 和电渗析等技术，利用臭氧催化氧化进行化学改性，将废水中难以降解的有机物氧化成为小分子有机物，提高废水可生化性能，同时脱除废水色度；利用内循环 BAF 对催化氧化产物进行生化降解，进一步去除水中的有机污染物含量；利用电渗析技术有效脱除废水中的盐分，最终实现炼厂废水的回用
42	石化节水减排成套集成工艺	该工艺是膜处理、循环水高浓缩倍数水质稳定处理及精确控制、化学水节水降耗、分散工业水系统多信息集成利用等的成套技术。针对石化工业水系统，进行了节水工艺开发，高效示踪型阻垢分散剂、水质自动控制装置开发，并集成利用多信息技术，提高循环水高浓缩倍数，分级回收、串级利用废水

序号	工艺技术名称	工艺技术内容
43	油田回注水陶瓷过滤技术	可以替代传统处理工艺。油田回注水经油水分离和沉淀处理，再经陶瓷膜过滤器过滤，处理水作为特低压渗透油田回注水直接回用。工艺路线：污水沉降罐+陶瓷膜过滤
44	石油开采污水分子筛处理技术	用于处理污水处理厂中水，主要利用改性 4A 分子筛为吸附剂，经多级过滤后，去除中水大部分 Ca^{2+}、Mg^{2+}，浓度低于 10 mg/L，处理水可用于油田驱油用聚合物溶液的配置，配置的聚合物溶液有较高的黏度，满足油田注聚要求
45	超疏水高亲油海绵体石化含油污水过滤技术	采用自动化含油污水处理装置，以超疏水高亲油海绵体滤料作为有机物吸附剂。石化含油污水经装置处理后，再经分子筛过滤去除 Ca^{2+}、Mg^{2+}，处理水可用于油田水驱配注、聚驱配置聚合物、三元驱配置三元体系溶液等用水
46	聚合物驱含油污水处理及回用技术	研制高效除油设备，研发破乳、降粘混凝药剂和化学破乳剂，处理聚合物驱含油污水。处理水再经过滤后达到中高渗透底层注水水质要求；过滤水再经膜深度处理达到精细注水和配制聚合物母液水质要求
四、化工行业		
47	聚氯乙烯母液废水零排放集成技术	集成气浮、水解酸化、氧化、生物滤池、过滤、臭氧氧化等技术处理回用聚氯乙烯母液废水。工艺路线：气浮沉淀+上流式水解污泥床（UHSB）+两级串联接触氧化+曝气生物滤池（BAF）+多介质过滤器+臭氧深度处理+活性炭过滤器
48	高盐化工废水资源化膜集成技术	集成超滤、纳滤、反渗透技术处理再用高盐废水。部分处理水回用于生产工艺用水，浓缩废水作为生产原料勾兑，或再经电渗析工艺进一步浓缩至浓度 13%～15%，蒸发或冷冻结晶后，回用于生产或作为副产品外销
49	蒸发式冷却（凝）器装置	利用空气湿球温度制造低温场，提高传热温差；在风机强制作用下使汽（潜热）、水、空气（显热）以对流的方式将被冷却介质（气态或气液混合物）冷却降温或冷凝。可替代传统的水冷式冷却器、冷却塔热交换系统组合
50	氯碱生产无机污水回用技术	采用"初沉+气浮刮渣+多介质、活性炭两步过滤+反渗透膜组"的组合工艺，对于来自循环冷却水系统的排污水、电厂脱盐水系统多介质过滤器的反洗水、反渗透装置的浓水，以及阴阳离子树脂混床的再生水进行处理回用
51	生物氧化法聚氯乙烯离心母液回用技术	集成调节、沉降、中和、生物接触氧化、超滤、反渗透等技术处理回用聚氯乙烯离心母液。进行 pH 值调节，大颗粒杂质沉降，生物降解小分子有机物，超滤、反渗透深度处理，最终处理水供乙炔工段、脱盐水站、自备电厂使用
52	MDI 废盐水回用为离子膜烧碱原料技术	使用强氧化剂对 MDI 废盐水进行两级氧化，再通过吸附过滤除去有机杂质和悬浮物，然后加入精盐使其饱和并进入离子膜烧碱工序作为原料盐水使用

续表

序号	工艺技术名称	工艺技术内容
53	双膜法聚氯乙烯离心母液回用技术	对聚氯乙烯离心母液进行处理，之后将其回用到聚合系统。产水水质稳定，使聚氯乙烯生产的脱盐水单耗由 4.1 m³ 下降至 2.7 m³
54	煤化工废水处理及回用集成技术	集成沉淀、气浮除油、生物除氮（A/O）、吸附及催化湿式氧化、膜分离等技术，并采用专用特效菌种或固定化生物等强化工艺处理回用煤化工废水
55	化工废水制水煤浆工艺集成技术	集成污水处理和水煤浆技术，选择适宜的制浆生产工艺，利用化工废水作为水源制作水煤浆
五、有色金属行业		
56	塌陷区尾砂干式排放工艺技术	采用高压深锥浓缩、陶瓷过滤机处理尾矿，尾矿废水回用于选矿厂。尾矿经高压深锥浓缩处理至浓度为 50%，再经陶瓷过滤机脱水至含水 15%。主要包括高压深锥浓缩、远程一段输送、陶瓷过滤脱水等技术措施。该技术可使低浓度尾砂浆浓度由 14% 浓缩至 50%，然后经脱水车间脱水至 85%，废水回收利用
57	镍钴富集物精炼节水工艺技术	集成低碱度-电化学在线检测、多项离子调控、选择性强化捕收等高效浮选新技术适度处理和回用选矿废水，实现选矿废水的零排放
58	有色重金属废水双膜法再生回用集成技术	采用"生物制剂-中和沉淀"处理工艺，集成斜板沉降、超滤和反渗透等技术处理回用有色金属废水
六、纺织印染行业		
59	超低浴比高温高压纱线染色机	采用离心泵和轴流泵的三级叶轮泵和短流程冲击式脉流染色技术，实现低浴比高效率染色。冲击式脉流染色可在超低浴比下进行，浴比为 1:3，在同等条件下，每千克纱染色工艺水耗量减少 80% 以上，染纱工艺周期时间由原来 8~14 h 缩短到 5.5~8 h，达到 1 kg 纱锭染色需要 3 kg 水（1:3）的超低浴比
60	数码喷墨印花节水工艺	将数字化图案经编辑处理后，由纺织品数码喷射印花系统将专用染料直接喷印到各种织物和织品，并通过互联网在线实现纺织品远程协同设计和定制服务。它具有流程短、反应快、弹性灵活、按需定量生产、精度高、色彩丰富等特点。与传统印花工艺相比，节水 40%~60%
61	MAX-300 丝光浓碱浓度在线检测及控制装置	可实现生产过程的数字化控制和数字化管理，主要是印染生产过程中各种工艺的连续化检测控制和网络数字化管理，对生产过程的水、电、气、产量、成品率进行有效的管理，实现印染用水工艺的数字化管控
62	喷水织机废水处理回用集成技术	集成活性污泥法、二级汽浮、杀菌及电渗析等技术处理回用喷水织机废水。基本原理：织机废水经隔栅进入曝气生化池进行降解，曝气后出水加药化学分离，经高效溶气筒二级气浮处理，再经纤维束过滤或活性炭过滤，经脱整后供织机回用

序号	工艺技术名称	工艺技术内容
63	缫丝废水加压生化活性炭溶气再生回用节水工艺	主要由加压生化技术、能源梯级利用技术、活性炭压力溶气再生技术3部分组成。加压生化技术利用氧浓度与压力成正比关系的特点，在装置中维持一定压力，而获得高溶解氧，使后续各处理单元实现多级利用，同时还使活性炭的吸附再生正逆两个过程在同一时间、同一空间里完成，使之长久使用不饱和。可使生产耗水下降95%
64	干式染料自动配送节水工艺	主要采用印染、计算机、信息化、自动化、化工与管理等技术，开发染料五轴符合动力自动计量系统、多轴智能机器人自动分配输送染料、染料智能管理系统等关键技术，避免染料自动输送过程中，采用大量水溶解染料，大量用水清洗管壁等问题；通过自动配送提高染色的一次符样率。与手工配料染色相比，吨纱节水 20.9 m^3

七、造纸行业

序号	工艺技术名称	工艺技术内容
65	多圆盘过滤节水技术	多圆盘白水过滤机利用造纸的纤维作过滤材料，白水通过时纤维被拦截下来，形成细密的过滤层。过滤水的水质按其浊清程度分为浊白水、清白水和超清白水。清白水和超清白水可直接用于造纸机的生产用水。使水得到封闭循环使用，降低造纸耗水量，消除白水排放的污染，用于清滤液循环使用，降低水的用量，节约水资源。回收的纤维可回用于造纸机造纸
66	纸机湿部化学品混合添加技术	采用先进的浆料流送系统、湿部化学品添加设备，吨纸水耗降低50%。实现吨纸湿部系统清水用量降低 2～3 m^3。适用于安装在纸机湿部、上浆系统、压力筛进出口抛光管路上。在最接近流浆箱的上浆管用创捷混合器处注入造纸化学品使其瞬间完成与浆料的完美混合。采用的无水造纸化学品添加系统将造纸湿部化学药剂通过重新使用循环造纸浆料喷射和混合到主工艺过程中，从而完全取消使用新鲜水
67	粗浆洗涤和封闭筛选技术	洗涤水从最后一段加入，依次向前进行，使稀洗涤水与废液浓度较低的浆料接触，而浓洗涤水与浓度高的浆料接触，提高了洗涤效率。以最低的稀释因子，高效扩散、置换出粗浆中的固形物，并使筛选系统封闭，无废水外排，显著提高黑液提取率，相应提高碱回收率并降低中段废水处理负荷，大幅减少清水用量

八、食品发酵行业

序号	工艺技术名称	工艺技术内容
68	再生水冷却水综合利用技术	集成生物、物理化学、膜分离等技术处理再用啤酒生产过程的净水（冷却水）和亚净水（冲洗水）。再生水可用于：CIP系统的预冲洗水；回收啤酒瓶的预清洗水和洗瓶机的预浸热水；锅炉用水、二氧化碳气化用水等。可使再生水利用率从70%提高至90%
69	果糖生产连续离子交换技术	利用连续式交换原理，并结合现代工控技术，针对固定床间歇操作模式，提供整套连续式自动离子交换解决方案。连续离子交换原理将原有的固定床中的整段树脂分割成若干段，不同段树脂在同一时间发挥不同作用，使原有固定床的交换、水洗、再生等各个工段整合在一台系统设备中，利用原来闲置的树脂，大幅提高了树脂利用率，减少了化学消耗量，节约水资源

续表

序号	工艺技术名称	工艺技术内容
70	氨基酸废水高效生化再生回用技术	包括厌氧生化处理、好氧生化处理、膜滤净化回用 3 部分。采用 IC 反应器厌氧生化处理；采用新型好氧反硝化菌株构建高效微生物菌群，在同一反应装置内同时进行生化/硝化/反硝化；采用砂滤、反渗透深度处理。氨基酸废水经厌氧和好氧生化处理后，经沉降、砂滤，反渗透进行深度处理，处理水回用于生产工艺。废水回用率达 75% 以上
71	木糖（醇）工艺节水技术	根据木糖生产各工段废水特点采取不同治理方式：玉米芯清洗与水解预处理工段废水主要含有泥沙成分，采用多层次逐级梯度过滤技术，采用板框过滤机、砂滤、活性炭等过滤后回用到玉米芯清洗与水解预处理工段；其他废水采用"曝气调节+微电解反应+中和沉淀+UASB 厌氧+好氧 ICEAS"工艺，再经"多级混凝处理+生物炭偶联处理+纤维过滤"深度处理再生回用。废水回用率可达到 70% 以上
72	酵母工业高浓度发酵系统节水工艺	基于酵母发酵"热区"理论，通过扩大发酵"热区"，增加"热区"中"氧"的供给，让更多的糖和营养物质转化成酵母，提高酵母发酵单产，降低水消耗。传统酵母发酵工艺，酵母生长最终浓度一般在 $200\sim220$ g/L，应用高浓度发酵技术，酵母生长最终浓度可以达到 $290\sim320$ g/L，相对于发酵环节，酵母单位水消耗降低 42%～50%。同时，采用机械压缩蒸发技术用于酵母废水低温蒸发，浓缩液进入六效蒸发系统，蒸发冷凝水进入反渗透膜水处理回用
73	发酵有机废水膜生物处理回用技术	将高效膜分离技术与生物处理技术相结合，是一种新型高效污水处理及回用技术。废水中的有机物经过生物反应器内微生物的降解作用后可使水质得到净化；膜分离技术则将活性污泥与大分子有机物、细菌等截留于反应器内，提高了出水水质，使废水达到回用水水质要求
74	液体 PET 瓶包装的节能节水关键技术	采用轻量化、高速瓶坯加热、高速吹瓶、灌装与氮气填充、高速旋盖、高速视觉检测技术、同步控制等技术，采用伺服系统和星轮传送，实现轻量化 PET 瓶的吹制、灌装、旋盖一体化集成技术。可节水 70%
75	饮料原水处理的反渗透浓水回收技术	该技术是一套浓水收集、投加阻垢剂、泵入浓水反渗透系统的创新工艺装置。反渗透系统的浓水排水量一般是反渗透进水的 25%～30%，浓水盐分是原水的 4 倍左右，但对这种浓水进行深度再处理后，可以回收至源水箱及冲瓶水系统内。首先把浓水收集至浓水回收水箱，在高压泵前投加阻垢剂和调节 pH 值，由反渗透高压泵倒入到浓水回收反渗透系统中，可去除浓水中的盐分，出水可达到源水进水要求
76	低聚异麦芽糖节水技术	采用膜过滤技术用于回收离子交换树脂再生过程产生的酸碱废水和含糖量低的工艺水，回收后的酸碱用于再生树脂，回收工艺水循环使用
77	糖厂水循环及废水再生回用技术	采用闭路循环回用技术。压榨、汽轮机及制炼抽真空用水均采用冷却回用。生产蒸汽冷凝水直接回用；生产污水经好氧活性污泥法处理后，再经一体化净水器+连续膜过滤装置深度处理再生利用

序号	工艺技术名称	工艺技术内容
78	谷氨酸双结晶高效提取绿色制造节水工艺	采用"谷氨酸浓缩结晶和分离技术""细消型连续等电结晶和高效分离技术""CFD流场模拟优化"及菌体细胞固液分离技术,实现高杂高黏物料的高浓提取与高效分离,提高水的循环利用率。味精制造用水量降至 $30\sim50\ m^3/t$,节水 90% 以上
79	魔芋深加工节水技术	针对纯化魔芋粉制备过程生产工艺特点对关键技术、参数进行了改良与调整,由于产品洗涤次数、质量要求不同,可将不同次数的乙醇溶液进行沉淀循环使用,大大降低新水消耗,可节水 30% 左右
80	高浓度含糖废水综合利用技术	利用机械式蒸汽压缩技术将发酵过程中产生的高浓度含糖废水由干基 2% 左右浓度蒸发浓缩到干基 5%～20% 的浓度。此过程产生的冷凝水回用于生产,从而降低生产过程的耗水量,同时利用现代发酵微生物法将干基中的还原糖、蛋白质、矿物质等营养物质转变成饲料蛋白,使高浓度含糖废水得到综合利用。可使高浓度废糖水利用率达到 95% 以上、回用率达到 90% 以上;每吨柠檬酸产生的高浓度废水可生产单细胞蛋白 120 kg
81	柠檬酸发酵废水集成膜再生回用技术	采用抗污染超滤膜元件及反渗透膜装置处理回用柠檬酸发酵废水。工艺路线:预处理+混凝沉淀+砂滤+超滤+反渗透。可节水 60% 以上
82	酒精沼气双发酵生态耦联节水工艺	通过将酒精发酵与沼气发酵相耦联,实现水资源的循环使用。蒸馏废液中余留的木薯非淀粉生物质经厌氧沼气发酵,转化为沼气和沼液。沼气进锅炉生产蒸汽供酒精制造使用,厌氧出水清液转化为发酵配料工艺水,进入下一批酒精发酵,不能转化为沼气的木质素等物质在固液分离后作为有机肥还田。酒精发酵酒精浓度平均在 14%,原料利用率平均在 90%,发酵时间平均为 56 h,节水 90%
		九、蓄电池行业
83	铅酸蓄电池极板内化成节水工艺	采用内化成工艺,极板经过固化后,不需要经过外化成,直接进入分片、包片装配流程,封装在电池内,然后进行充电。该工艺无须化成后的极板水洗、干燥工序。与外化成工艺相比,单只电池水耗由 20 kg 降至约 12 kg,节水约 40%
84	铅酸蓄电池负极板无氧干燥机干燥前浸渍液及浸渍节水工艺	采用新型硼酸-木糖醇混合浸渍液,并改进无氧干燥操作条件,产出具有氧化铅低、不开裂的负极板。具有极板直接干燥、无须用水漂洗、常温下浸渍无须加热、贮存过程可防止极板氧化发热、放入硫酸中反应气体少等特点。与原工艺技术相比,可节水 90% 以上
85	铅酸蓄电池废水再生回用技术	集成絮凝沉淀、过滤、软化、超滤、反渗透等技术处理回用铅酸蓄电池废水。工艺流程:絮凝加药+多介质过滤器+超滤膜装置+保安过滤器+一段抗污染特种分离膜。其中:一段浓水经二段抗污染特种分离膜深度处理后回用。废水回用率约 80%

续表

序号	工艺技术名称	工艺技术内容
十、皮革行业		
86	牛皮蓝湿革生产节水工艺	采用灰碱保毛脱毛工艺和浸灰废液循环利用、无铵盐脱灰软化、少铬鞣和铬鞣废液循环利用、软化后水洗水回用等技术。采用灰碱保毛脱毛浸灰工艺，比传统毁毛脱毛浸灰工艺节水 40%；采用超载转鼓，用水量较少，比普通转鼓节水 30%～50%，比划槽节水 50%～100%；少铬鞣制和铬鞣废液直接循环利用，节水约 60%。与传统工艺相比，吨牛皮蓝湿革水耗由 18 m^3 降至 12.4 m^3
十一、机械行业		
87	乳化液、电镀液过滤再生回用技术	采用微滤与回收技术用于高污染化学溶液的再生回用。主要工艺技术：在不改变溶液化学性质的前提下，使过滤净化后的化学溶液重新回用，反洗后的浓浆液二次压榨脱水，压榨后的净化液重新返回过滤后的化学溶液中回用
88	淬火介质空气冷却器装置	该装置是利用环境空气冷却水、油等流体热介质的换热设备。当被冷却介质冷却终温较高，与环境温度相差较大的条件下，空冷器可实现无须喷水冷却；当被冷却介质的冷却终温与环境温度接近时，需要启动配套的辅助喷淋设备适当喷水冷却。可替代传统的淬火介质水冷系统。
89	板式蒸发空冷器装置	板式蒸发空冷器是将水冷与空冷、传热与传质过程融为一体的高效冷凝冷却设备。蒸发板束采用顺风布膜方式，在传热波纹板片表面形成水膜，利用水膜蒸发带走热量，达到对精馏塔塔顶油气、反应器出料及汽轮机乏汽等介质冷却冷凝的目的。可将介质出口温度冷到接近环境湿球温度。该技术引入板式元件强化传热技术，克服了传统翅片管普通空冷器传热效率低的缺点。与管式湿空冷器相比，可节水 42%
十二、建材行业		
90	玻璃纤维中水回用技术	集成絮凝、气浮、MBR 膜生物反应器、多级渗透处理、PLC 自动控制等技术处理回用玻璃纤维废水。工艺流程：絮凝、气浮预处理，膜生物反应、反渗透深度处理，使废水再生回用
91	陶瓷砖新型干法制粉短流程节水工艺	用于替代湿法制备粉料工艺。工艺流程：各种原料按配方配料后，进入粉碎细磨设备进行干法粉碎和干磨，达到工艺要求细度的干粉料直接进入造粒设备加水造粒，加水量至 5%～7%，形成的颗粒粉料经陈腐后应用于压型。为提高造粒效果，满足不同品质陶瓷墙地砖需要，又采用加水至 10%～12% 进行造粒，再经流化床干燥，粉料陈腐后应用于压型。与湿法制备粉料相比，节水效果可达 70%

（3）生活用水节水技术

生活节水用水技术包括节水器具、生活用水的重复利用和中水回用等方面的技术。

① 节水器具。生活节水器具可从冲厕、淋浴、洗衣服、水龙头等几方面着手，节水设

备的节水效果非常可观。例如，普通厕所用水量是 19 L/次，低用水量厕所为 13 L/次，节水 32%；冲洗式厕所用水量为 4 L/次，节水 79%；空气压水掺气式厕所用水量为 2 L/次，节水 89%。普通淋浴喷头用水量为 19 L/次，低流量淋浴喷头用水量为 11 L/次，节水 42%；限流式淋浴喷头用水量为 7 L/次，节水 63%；空气压水掺气式淋俗喷头用水量为 2 L/次，节水 89%。普通洗衣机用水量 140 L/次，循环型洗衣机用水量为 100 L/次，节水 29%；衣服由前侧放入的洗衣机用水量为 80 L/次，节水 43%。洗手时采用普通型水龙头用水量为 12 L/次，低流量水龙头用水量为 10 L/次，节水 17%；限流式水龙头用水量为 6 L/次，节水 50% 等。

② 生活用水的重复利用和中水回用。生活用水的重复利用和中水回用、实现污水资源化一直被视为缓解水资源不足的有效措施，很多学者对中水回用的社会效益和环境效益进行过研究。例如，北京市积极推进中水设施的发展，已建设并完成酒仙桥、清河、北小河、吴家村等中水处理厂及配套干线，城市集中中水处理能力达到 50 万 m^3/d 以上，区域中水处理设施能力达到 1 500 万 m^3/年。目前，中水回用在一些小区已投入使用，节水效果明显。例如，北京交通大学将学校生活污水收集后集中处理回用于浇洒草场，年节水 3 万 m^3 以上。

（4）跨区域调水技术

跨区域调水技术主要是指实施一些大型调水工程。

① 南水北调工程。自 1952 年 10 月 30 日毛泽东主席提出"南方水多，北方水少，如有可能，借点水来也是可以的"设想以来，经过大量野外勘察和测量，在分析比较 50 多种方案的基础上，形成了南水北调东线、中线和西线调水的基本方案。南水北调工程主要解决我国北方地区，尤其是黄淮海流域的水资源短缺问题，规划区人口 4.38 亿。

南水北调工程规划最终调水规模 448 亿 m^3，其中东线 148 亿 m^3，中线 130 亿 m^3，西线 170 亿 m^3，建设时间需 40～50 年。建成后将解决 700 多万人长期饮用高氟水和苦咸水的问题。

南水北调工程通过 3 条调水线路与长江、黄河、淮河和海河四大江河的联系，构成以"四横三纵"为主体的总体布局，以利于实现我国水资源南北调配、东西互济的合理配置格局。但是由于各方面原因，西线工程截至目前，还没有开工建设。

② 其他跨区域调水工程。新中国成立后，我国的跨流域调水工程得到长足发展。安徽修建的淠史杭灌溉工程，位于安徽省中西部大别山余脉的丘陵地带，总设计灌溉面积 79.87 亿 m^2（1 198 万亩），其中，安徽省 73.34 亿 m^2（1 100 万亩），河南省 6.53 亿 m^2（98 万亩），是全国 3 个特大型灌区之一。灌区骨干工程多建于 20 世纪 60—70 年代，80—90 年代又陆续进行了部分续建配套建设。到 21 世纪初，仅安徽省境内主要骨干工程控制灌溉面积已达 73.34 亿 m^2（1 100 万亩），有效灌溉面积为 68.40 亿 m^2（1 026 万亩），年均实际灌溉面积（灌溉保证率 70% 以上）已达 57.33 亿 m^2（860 万亩）。淠史杭灌区的兴建，提高了灌区的耕地率、水田率，粮食产量大幅提高，改变了因缺水而造成的贫困面貌；灌区还向合肥、六安等城镇提供了优质水源，促进了城市经济发展；灌区水力发电、水产养殖、交通航运等综合利用效益也得到较大发挥。

山东修建了引黄济青工程，工程全长 290 km，由山东省滨州市境内打渔张引水到青岛市白沙水厂，途经 4 个市地、10 个县市区。工程从黄河引水到青岛，具有引水、沉沙、输水、蓄水、净水、配水等设施，功能齐全，配套完整，已经是青岛市主要用水来源并使青岛摆脱了缺水困难。据估算，该工程将为青岛增加经济效益 300 多亿元，使高氟、咸水区居民喝上了甜水，为渠道博兴县提供农灌用水近 10 亿 m^3，沿途城乡也得到超过 61 亿 m^3 的供水，可增加粮食 5.1 亿 kg。同时，有效地补偿了地下水，回灌补源超过 6 亿 m^3，防治了海水内侵危害。

除此之外，湖北修建了丹江口水利枢纽工程，江苏修建了江都市江水北调工程，广东修建了东深引水工程，河北与天津修建了引滦工程，甘肃修建了引大入秦工程等。这些工程都成为当地农业、工业、城市和人民生活的命脉。

2. 非常规水资源利用及相关技术

1）非常规水资源利用

非常规水资源也可称为非传统水源、边缘水等，非常规水是指区别于一般意义上的地表水、地下水的水源，包括雨水、海水、再生水、矿井水、微咸水和雾水等，非常规水利用量的多少是一个城市水资源开发利用先进水平的重要标志，充分利用非常规水是解决城市缺水问题的必要手段之一。

在城市中汇集的雨水一般有毒物质含量较低，经过简单沉淀处理即可用于灌溉、消防、冲厕、冲洗汽车、喷洒马路等，随着城市绿化覆盖率日益增加，灌溉、洗车及其他清洁用水量将大大增加，因此，城市雨水的利用不可忽视。

含有一定盐分的地下水（微咸水）、经处理的城市生活污水和某些工业废水（再生水），可以用作灌溉或供给灌溉、工业、生活、环境之用。我国在劣质水应用方面已进行了一些研究工作，并有一定的实践经验。

海水利用包括直接利用海水和海水淡化，总的来说，海水淡化的成本仍较高，随着科学技术的发展，其成本必然会进一步降低，在不久的将来，淡化海水将成为沿海地区一种有实用价值的水资源。

在特殊环境条件下，可从雾水和露水中取得一定的水量，以供生活、畜牧用水、植树或供作物生长之用，除植物直接利用以外，可用人工表面或简单的装置使雾和露凝固成水。

2）水资源开发利用及节水相关技术

水资源开发利用及节水相关技术主要包括雨水利用技术、海水利用技术、再生水利用技术、矿井水利用技术、微咸水利用技术、云雾水利用技术等。

（1）雨水利用技术

雨水收集系统一般包括屋面及地面雨水收集两部分。收集屋面雨水要安装雨水斗及落水管，雨水经屋面雨水斗进入落水管，再经汇合后由雨水管送至集水池。初期雨水由于含有较多污染物，故应予以排放，排除量要根据当地大气质量、道路情况等因素，通过采样试验而定。地面雨水收集又可分为绿地多余水收集及道路雨水收集。降雨后雨水径流进入绿地，经蓄渗、补充消耗水分后，多余的雨水流入集水池。雨水利用系统如图 4-1 所示。

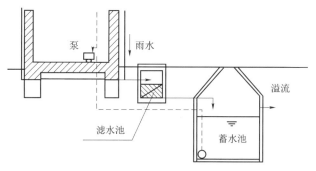

图 4-1 雨水利用系统

（2）海水利用技术

海水利用技术包括海水淡化利用和海水直接利用。

① 海水淡化利用。海水淡化技术是解决水资源短缺问题的重要手段，经过近半个世纪的发展，已比较成熟。目前海水淡化方法主要有反渗透（SWRO）、多级闪蒸（MSF）、多效蒸发（MED）和压汽蒸馏（VC）等。20 世纪 50 年代初，膜技术因海水淡化而被首先提出来。经过 40 多年的发展，取得很大进展，在海水淡化等相关海洋产业中发挥了重大作用。

目前，我国海水淡化已进入快速发展阶段，中低档淡化产品已达到自我研发、自行制造的能力，河北、浙江、天津、山东等地围绕海水利用产业，已初步形成了淡化装备设计、加工制造等新的产业集群，尤其是河北曹妃甸工业区海水综合利用示范基地、海水淡化及海水化工实现耦合的大连大孤山石化工业园的建立，标志着我国海水淡化产业进入规模化发展阶段。截至 2011 年，我国已建成 80 多套海水淡化装置，实现设计能力约 1 536 160 m³/d、日淡化海水量 66 万 m³ 的规模，相当于全球的 1%，位列全球十大海水淡化产能国第 5 位、全球膜法装机容量第 4 位。

我国成为全球最具发展潜力的海水淡化业务市场，广东玖龙纸业、天津北疆电厂、天津大港新泉、山东烟台等多个 10 万 t 级海水淡化工程，以及河北、浙江、山东、辽宁等多个万吨级海水淡化工程相继投产运营。其中，2003 年运营投产的荣成石岛海水淡化工程是国内首个日产万吨级反渗透海水淡化示范工程；2006 年开始运营的浙江玉环电厂是目前国内乃至亚洲地区最大的采用膜法技术的海水淡化工程；2006 年投产的大唐王滩电厂反渗透海水淡水系统是我国第一个投运的"双膜法（UF+SWRO）"海水淡化项目；2008 年中国首个核能淡化海水项目在烟台投产，日产水量 160 000 m³；2010 年新建的大连红岩河核电站是首个核电国产化海水淡化项目，由杭州水处理中心参与设计提供关键成套设备；2012 年青岛百发海水淡化项目采用世界上先进的双膜法海水淡化工艺，是我国首个市政海水淡化项目，占青岛市区供水量的 15%～20%；河北曹妃甸唐山三友集团浓海水综合利用项目与首钢日产水 25 000 m³ 海水淡化工程配套运营，实现了海水化工与海水淡化的充分循环利用，进一步延伸了海水淡化产业链条。

② 海水直接利用。海水既可以淡化使用，也可以直接利用。海水的直接利用是以海水直接代替淡水作为工业用水或生活用水的总称，如海水冷却、海水冲厕等。海水的直接利用是一项开源技术，但同时又具有节约淡水用量的特点。目前，我国海水的直接利用主要在3个方面，即工业用水、生活用水和低盐度海水灌溉农作物。

● 工业用水方面，海水可以直接作为电力、化工、橡胶、纺织、机械、印染、制药、制碱及海产品加工等行业的生产用水，从总的情况来看，工业冷却用水占海水总利用量的90%。我国青岛电厂1935年建厂时即用海水为冷凝器降温、冲灰。目前，山东已有电力、化工、橡胶、纺织、机械、塑料、食品等行业利用海水。从发展看，我国沿海工业城市海水直接利用的潜力巨大。

● 生活用水方面，海水可以用于除饮用、沐浴、洗衣服以外的生活用水，如冲厕、消防用水等。城市生活使用海水必须在现有供排水系统之外另建海水系统。香港由于淡水来之不易，供水曾屡次出现危机，为此，从1958年开始筹划利用海水冲洗厕所的节水途径。在香港，另设有一个完全独立的海水供应系统，为市区和新市镇供应冲厕用水。现在已有76%的人口采用海水冲厕，因而节约了大量淡水。海水冲厕系统由供水站（泵房）、配水管、调蓄水池等组成。供水站就近取海水并作适当处理后供用户使用。海水处理从进水口开始按以下工序依次进行。

第一，筛分离。海水先经过设于进水口处的格栅，通过12 mm^{2}的网孔截留并去除大颗粒杂质。

第二，曝气。在海水缺乏溶解氧的情况下，可能会产生异臭怪味，因此可在供水站加设曝气装置，进行曝气充氧，但也有不用的。

第三，加氯处理。为避免供水系统中因细菌繁殖对水质造成不良的影响，因此采用加氯消毒处理。

● 海水灌溉方面，从20世纪60年代，我国科学家开始进行耐盐植物栽培的研究。在引种优良耐盐品种、基因工程和细胞融合培育新品种等方面都取得重要进展。据统计调查，我国有盐生植物424种，隶属于66科200属，其抗盐能力在海水的百分之几到2倍不等，长期处于自发生长状态，可提供丰富的种质库和基因库。山东东营市于1996年建立了中国第一个盐生植物园，占地3.5 hm^2，有525 m^{2}的玻璃温室和900 m^{2}的冬暖式大棚，收集、保存耐盐植物150多种，引种国内外盐生植物80多种。江苏省建成了我国第一个面积2 000万 m^2（3万亩）的大米草牧场。

中国科学院海洋研究所专家受启发于580年前的《救荒本草》，经多年观察、试验，筛选并成功培育出一种可在盐碱环境灌溉海水的碱蓬品种，种子含油30%，不饱和脂肪酸占脂肪酸总量的91.8%，人体所需脂肪酸占80%，可用于生产蔬菜、食用油和保健品，已经取得专利。江苏沿海地区自20世纪80年代中期以来进行滨海盐土农业工程研究，在堤外滩涂根据生态位原理引进、栽培盐生植物，取得可喜成绩。

（3）再生水利用技术

城市污水处理与回用的可行性主要表现在：城市污水量大并集中，水量水质相对较稳定，且不受季节、雨旱季、洪水枯水等影响，是水量水质变化幅度小、可以恒量供水的水源；城市污水处理厂一般建造在城市附近，与境外调水、远距离输水相比，大大减少了输水管线，降低了取水构筑物、输水管线的投资和运行费用；城市污水处理回用减少了污水排放量，不仅可减少对水体的污染，并能使部分被污染的水体逐渐更新、改善，而且还可减少治理环境污染的投资；在用水水质要求上，城市污水经污水处理厂二级处理的出水，再加适当的补充措施是完全能达到回用水质要求的，在技术上是可行的。

从污水再生利用的工艺发展来看，近20年来，由于再生水需求持续增加，再生水处理工艺也得到快速发展。除了传统老三段工艺外，出现了多种处理工艺和单元。

目前，除直接使用污水灌溉外，最简单的再生处理工艺是经过一级处理后的水用于农业或者其他用途，最为常用的再生水工艺是城市污水经过处理后进行混凝、沉淀、过滤及消毒，出水可用于环境景观、市政杂用和部分工业用水。目前，较为先进的再生水处理工艺常以膜法为核心处理工艺，如污水处理出水+混凝+沉淀+微滤（超滤）+反渗透+消毒，此种工艺出水水质稳定，增强了再生水使用安全性，目前在北京、天津都有较大规模的使用；另外，目前正处于研究示范阶段的"污水处理出水+混凝+沉淀+过滤+活性炭吸附+反渗透+消毒"工艺出水水质可以达到世界卫生组织规定的饮用水水质要求。此外，臭氧技术具有脱色、除臭、消毒和去除微量有毒有机物等特点，目前已在北京和天津的再生水厂广泛使用。

（4）矿井水利用技术

随着我国工业化水平的不断提高，各厂矿企业的"三废"已给我国的环境造成极大影响。如何有效地处理和利用"三废"，变"废"为宝，发展高产、高效企业，已成为我国当务之急。我国部分煤矿在利用矿井废水方面进行了有益尝试，在综合分析矿井水水质情况的前提下，通过物理化学方法进行水质处理，使其水质满足矿井生产需要，做到了矿井生产用水的循环利用，有效地节约了水资源，保护了环境。矿井水处理流程如图4-2所示。

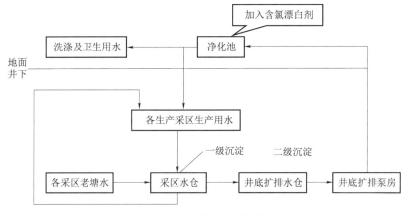

图4-2　矿井水处理流程

矿井采区老塘水通过水沟或水管采用自流的方式直接进入采区主要巷道，最后汇集到采区水仓进行一次沉淀净化，此时，矿井水中仍含有少量的悬浮固体物，汇集的水再由采区水仓通过水沟或水泵排至专门开凿的井底车场水仓进行二次沉淀净化后，矿井水中几乎看不到悬浮固体物，经过两级沉淀的水最后通过中央泵房排至地面水厂水池，在水厂水池中加入适量的含氯漂白剂等消毒剂，对矿井水中可能含有的细菌进行全面消毒。通过这样几次沉淀和消毒净化，本来略有浑浊的矿井水就净化为可满足生产和部分生活用水水质要求的水。

经过处理后的矿井水除利用自压进入井下以满足煤矿采煤生产需求外，富余的水量还可用于浴池及卫生用水。在收集和净化过程中，对于部分相对清洁的老塘水，通过一级净化后即可通过自压或水风包等加压工具直接引至生产采区应用于生产。

（5）微咸水利用技术

微咸水是指矿化度在 2～5 g/L 的地下水。微咸水的开发利用，在城市中主要用于工业冷却、工艺用水和杂用水。另外，可以开发利用咸水、微咸水用于农业灌溉和养殖。地下咸水可广泛用于农业灌溉。主要有直接利用和间接利用两种方式。2～3 g/L 的微咸水可直接用于农灌。间接利用是将高矿化度的咸水与淡水按一定比例混合后用于灌溉，将混合水的矿化度值控制到 3 g/L 以下。此外，还可利用咸水资源发展高效生态模式养殖。选择适宜地段，按一定的技术要求挖坑塘，利用挖出的土体构筑台田，提高台面，在雨水的淋洗和地下水的侧渗作用下，使坑塘周围的台田含盐量降低，让盐碱地变良田。在台田上发展种植业，养殖畜禽；坑塘蓄水，利用台田上的种植物和畜禽粪便进行水产养殖。

（6）云雾水利用技术

目前，我国广泛使用的是"云雾"水，与之相关的使用方法是人工降水，我国平均年云水资源（含水汽）约为 22 万亿 t，为年平均降水量的近 4 倍。人工降水的影响范围从抗御干旱到防御冰雹，再到森林草原防火扑火，2002 年以来，全国各地共组织人工影响天气作业 55.88 万次，发射火箭弹 90.51 万枚、炮弹 885.3 万发，飞机作业 7 303 架次，累计飞行作业 18 592 h，累计增加降雨 4 897 亿 t，约相当于 12 个三峡工程的蓄水量。

4.1.2　我国水资源利用及节水相关技术存在的问题

1. 常规水资源利用及节水相关技术存在的问题

1）常规水资源利用存在的问题

长期以来，人们只注重水资源的利用，而忽视水资源的保护，从而导致一些地区或流域的生态环境恶化，并引发一系列生态环境问题。近年来，随着工业化的不断推进，水资源的短缺问题越来越严重。加上新水源工程开发难度增加，必然加剧水资源短缺程度，水资源问题将成为 21 世纪制约我国经济和社会发展最大的资源瓶颈，是关系到我国 21 世纪经济发展和社会进步的重大战略问题。

（1）用水浪费现象严重，用水效率远低于国际水平

在工业领域，由于现有用水设施技术落后，目前我国工业万元产值用水量为 103 m³，

而美国是 8 m³，日本只有 6 m³。主要原因在于我国的用水量为发达国家的 10～20 倍。目前，我国工业用水的重复利用率仅为 55% 左右，而发达国家平均为 75%～85%。工业废水和生活污水不进行回收利用，甚至不加以处理，直接排放，导致水体受到污染，生态环境遭到破坏，更加剧了水资源短缺局面。

在城市生活用水方面，由于节水观念薄弱或经济原因，城市供水浪费现象十分严重。根据对 408 个城市的统计，2002 年自来水的管网漏损率平均达 21.5%，每年损失近 100 亿 m³。除北京、天津等大城市的水资源重复利用率可达 70% 以外，大部分城市水资源的重复利用率只在 30%～50%，而发达国家为 75%～85%。我国农业 97% 的农田仍采用大水漫灌，耗水量达 7 320 m³/hm²，如果采用喷、滴灌，耗水量可降至 3 250 m³/hm²，然而采用喷、滴灌的比例仅为 3%，70% 以上的农田没有采取任何节水措施。农业用水有效利用率只有 30%～40%。与发达国家滴灌、喷灌 70% 的有效率相比，水资源浪费严重。目前，我国农业灌溉水的利用系数平均为 0.3～0.4，落后于先进国家 0.7～0.8 的利用系数；我国农业渠灌区利用率为 20%～40%，落后于先进国家 70%～80% 的利用率。我国每千克粮食的耗水量是发达国家的 2～3 倍。

（2）水资源污染日益严重

水资源的环境压力不断加剧，严重制约经济社会可持续发展。现实数据表明，水资源的质量下降主要来源于农业面源污染。从 2005 年太湖、巢湖、滇池的统计数据来看，来自农业面源污染的总氮（TN）、总磷（TP）和化学需氧量（COD）分别占 60%～70%、50%～60% 和 30%～40%，其中，2005 年进入滇池外海的 TN 和 TP 负荷中，来自农业面源污染的分别占 53% 和 42%。根据全国水环境质量公报统计，我国 90% 以上的城市水域受到不同程度的污染，城市河流 80% 以上河段水体质量低于 W 类水质标准，水环境普遍恶化，近 50% 的重点城镇集中饮用水水源不符合取水标准，造成"水质型"缺水。另外，由于全国 70% 左右的污水未经处理直接排入水域，造成约 41% 的河段，城市河流 80% 以上河段水体质量低于 W 类水质标准，水环境普遍恶化；近 50% 的重点城镇水源水质不符合饮用水源的水质标准，118 座大城市中的 115 座城市浅层地下水受到污染，水质达不到生产、生活用水标准，已造成水质性缺水。我国在 2008 年的废水排放量是 571.7 亿 t，比 2007 年增加 2.7%。随着水资源利用总量的不断增加，废污水排放总量也随之增长。水污染加重，水质型缺水范围扩大。我国因水污染造成的经济损失占 GDP 的 1.5%～2.8%。

（3）过量采取地下水，破坏了自然环境和城市建设

随着水资源开发利用的数量上升，由此引起的环境生态问题日益严重。北方地区由于水环境容量有限，直接导致水质下降，污染造成的缺水城市和缺水地区增加。北方和一些沿海城市因地表水资源严重不足已将目标转入地下，盲目开采地下水。北方有 9 个省市出现严重超采地下水问题，一些地区地下水位每年下降 1 m 以上，北京、天津等大中城市由于地下水超采均不同程度地产生地面沉降、裂缝和塌陷，带来地质灾害。沿海地区超采引起海水入侵，造成水源地水质碱化，饮用水源出现问题。长江三角洲和珠江三角洲等水资源相对丰富

的地区也不断出现水质型缺水。

（4）跨区域调水工程影响生态环境

① 气象变化。水具有较高的比热容，较小的水温变化能带来十分明显的气候效应。当水温低于气温时，水体经水面吸收空气中的热量，使水温不断接近气温；当水温高于气温时，水体热量经水面不断向空中散失，使空气的温度升高。由于水的传热性弱，因此水体具有对区域温度变化的缓冲作用。

一个区域气候变化的改变，很大程度体现在降水量上。区域调水能在一定程度增大水域面积，蒸发量增加，进而空气中的含水率升高，使发生区域降水的可能性增大。

通过引黄输水工程实验河段的实际测算，蒸发量占总输水量的 0.027%，输水时间越长，输水河道越宽，输水河段越长，蒸发量越大。

② 水土流失。黄河上游流域坡度较大，植被差，水流急，对流域下垫面冲刷严重，水流带有大量泥沙沿途运动。随着输水河床的河底坡度逐渐降低，水流速度减慢，水流对河床冲刷也逐渐降低。但高含沙量的黄河水不仅使输水河床发生淤积，造成输水能力下降，而且会直接对受水体，如衡水湖、白洋淀等都有不同程度的影响，降低其调蓄能力。据统计，在 2000 年以后 3 次引黄济津输水中，位山闸输沙量达 1 947.8 万 t，约 49.6% 淤积在沉沙池内，14.6% 淤积在渠内，32.9% 淤积在河北境内，2.9% 进入天津境内。

③ 地下水变化。通过对距输水主河槽 10 m、50 m、100 m、300 m、500 m、800 m、1 200 m、1 500 m、1 800 m、2 150 m、2 500 m、3 000 m 位置的专用观测井地下水位观测，输水河段高于两岸地下水位时，形成对两岸地下水的侧渗补给，其影响距离可达 2 800 m。距河中 50 m 处最大地下水位升高，达 1.17 m。地下水位达到或超过土壤蒸发层下限时，会发生次生盐碱化。地下水位消落过大时，会加剧地面沉降的地质灾害。

④ 水环境变化。调水对水环境的作用有不利的一面。据调查，河流水体中的污染物主要来源于河底腐殖质、沿途渠道中积存的污水等。污染的类型有寄生虫、水生生物、易传播疾病、重金属等。跨流域调水一般输水线路较长，一方面有利于改善输水区的水质环境，另一方面，输水沿线存在被污染的可能性增大，使受水区的水环境受到污染。通过对 1994 年至 2003 年 10 年来每年引黄前、中、后衡水湖水质情况进行分析，1994 年、1995 年引黄后水质较引黄前差，1997 年之后，引黄后水质普遍较引黄前好，但期间多有一个污染加重的过程。

2）常规水资源节水技术中存在的问题

（1）农业节水技术中存在的问题

① 节水技术成本高。发展节水农业要以一定的资金投入为前提。据有关部门估算，在较高标准的条件下，发展喷灌需投资 1.35 万～1.65 万元/hm²，微灌需投资 1.5 万～1.8 万元/hm²，管灌需投资 3 750～4 800 元/hm²，渠道防渗需投资 3 750～5 400 元/hm²。由此可见，节水灌溉投资是巨大的。目前，节水推广的资金主要来源于国家和地方政府。由于水利供水工程尚未形成产业，受灌区水量调控条件、水管理机制和水价改革进程的影响，节水资金难以得

到保证，节水推广只能根据国家投资力度而定。但从目前国家水利投资政策看，只有电站、大坝和堤防工程能立项，节水灌溉工程难以立项。特别是地处黄河和海河流域的大部分地区，经济不甚发达，地方政府和群众的投资能力非常有限，单靠灌区自身的力量发展节水灌溉难度很大，以至于节水农业的发展步履艰难。由于农田水利经费不足，资金缺额大，几乎所有灌区均处于亏损状态运行，根本不能保证工程的正常维修。因此，急需建立并完善多元化、多渠道、多层次的水利投资体系，充分发挥国家、地方、集体和个人等多方面的作用。

② 缺乏对节水技术的认识。首先，社会公众对我国水资源短缺的基本国情认识和了解不足，水危机和节水意识淡薄，缺乏必要的宣传教育。政府及有关部门对节水技术的推广和宣传力度不够，尤其是在水资源条件较好的灌区，农户传统的用水观念根深蒂固，认为水资源"取之不尽、用之不竭、取用无偿"，采用和推广节水技术的积极性不高，难以形成节约用水、合理用水的社会风气。

其次，对节水灌溉技术的认识也极为片面，认为节水灌溉就是喷灌和滴灌。致使在节水推广中对新的灌溉技术盲目崇拜，而对节水新技术的适用范围（水资源条件、自然条件、作物及经济实力等）及投入与产出效益比缺乏充分研究，进行不切实际的节水灌溉，以至于浪费了人力、物力和财力，却不能实现水资源的持续利用，达不到节水的最终目标。

（2）工业节水技术中存在的问题

① 节水技术成本与收益不平衡。目前，很多企业特别是一些化工和造纸等高耗水、高污染的企业不愿意去引进节水技术和设备，主要原因是节水技术和设备成本较高，无形之中会增加企业的生产成本，降低企业的利润甚至亏损，同时最为重要的是在节水技术设备上的投入远远大于通过节水技术设备获得的收益。

② 节水技术推广力度和政策不足。虽然近年来节水技术受到政府部门的高度重视，各种宣传、口号铺天盖地，但大部分都是流于形式，很大程度上是政府官员政绩的一种展示，能被企业真正接纳和采用的节水技术很有限。而企业唯一主要的目的是"利润"，节水技术设备的采用会影响其利润，这是企业不愿接受节水技术设备的主要原因，而政府抛出所谓积极的鼓励政策也是杯水车薪，此外，这些优惠政策（如经济补偿、税收减免等）往往会成为大中型国有企业的"盘中餐"，那些中小型民营企业只能"望洋兴叹"。

（3）生活用水节水技术中存在的问题

① 节水设备成本前期投入成本较大。节水型生活用水器具是指满足相同的饮用、厨用、洁厕、洗浴、洗衣等用水功能，较同类常规产品能减少用水量的器具。生活用水靠用水器具来完成其使用功能，用水器具是用户直接使用和接触的部件，使用量大、分布范围广，推广使用节水型生活用水器具是生活用水节水的有效措施，也是开展城市节约用水工作的重要环节，但这些节水器具的价格要比普通的生活用水器具高出 80%～300%，而且后期维护成本也会较普通的生活用水器具高出很多。

② 用水习惯阻碍节水技术的实施。人们的很多生活用水习惯影响着节水技术的实施或者影响节水器具的节水效应的发挥，如人们习惯了老式洗衣机用大量的水冲洗衣服，对节水

洗衣机的概念不能接受，在洗衣机节水技术上，很多厂家早就投入资金和人力进行研发改造，推出了一系列产品。但到目前为止，节水并没有成为消费者购买洗衣机的核心要素。专家分析其原因：一是洗衣机节水没有给居民造成视觉上的冲击，意识上不强烈；二是居民有"水是节了，是不是洗衣的洁净度也就下降了"的顾虑。

除此之外，人们很少有用淘米的水、刷锅碗的水去浇花，他们认为这些水可能会影响花的生长，更不会用这些水去冲洗马桶，像这样的例子还有很多，总之，在理论上可行的节水概念到实际运用中就会遇到各种习惯性因素的阻碍。

2. 非常规水资源利用及节水相关技术存在的问题

1）雨水资源利用及相关技术中存在的问题

雨水资源利用的难点主要在于雨水资源量的时空分布不平衡导致的可用资源量不稳定；不同方式搜集雨水水质差别较大，难以管理；雨水搜集材料的研发与推广，以及现状基础雨水搜集技术设施建设不完善等。降雨量的时空分布及其大小受地理位置、气候等多方面的影响，总体而言，南方多、北方少；东部多、西部少。相对而言，南方及东部常规水资源量较多，因此，考虑水量型缺水，北方西部地区开展雨水资源利用难度较大。水质差别较大也是制约雨水资源利用的重要因素。建筑物表面搜集雨水水质相对地面雨水水质要好，而目前分质搜集、储存的相关基础设施建设不完善决定雨水搜集、处理成本较高。

集雨材料的研发及推广也是制约雨水资源利用的因素之一。相关文献显示，我国已研制并开发出低成本、高集流效率的土壤固化剂、面喷涂型有机硅、地衣生物固化表面等 3 种雨水集蓄新材料，确定了材料技术性能参数。该技术的推广将有效提高我国雨水资源的利用。

2）海水资源利用及相关技术中存在的问题

海水资源主要分布在我国东部沿海城市，对海水的利用和开发受到地理位置的影响。海水淡化的投入成本较高，不仅需要昂贵的设备，同时也需要先进的工艺技术，还要消耗能源等，而且产量小，成本较常规水资源高出很多。

利用海水淡化技术从海水中制取饮用水，已成为人们取得淡水的一种重要手段。目前，实用的海水淡化技术有蒸馏法和膜法两大类。其中，蒸馏法分为多效蒸馏（MED）、多级闪蒸（MSF）和压气蒸馏（VC）；膜法分为反渗（RO）和电渗析（ED）。蒸馏法出现较早，技术成熟，但是投资费用高、能耗高，已失去其技术优势，逐渐落入低谷。膜法中的海水反渗透技术（SWRO）与其他淡化技术相比要年轻得多，20 世纪 60 年代初仍处于实验室阶段，然而近年来却以惊人的速度在发展，越来越显现出其经济和技术优势。

传统 MSF 法海水淡化技术存在着不少问题，其最大不足就是能耗高，导致生产成本高。如香港于 20 世纪 70 年代耗资近亿港元建造的大型 MSF 海水淡化厂（18 万 t/d），由于能源费用太高无法投入运行，成了海水淡化发展史上最大的教训。其次是受到结垢等问题困扰，因而对传统 MSF 法进行改造是一个亟待解决的问题。

与传统 MSF 法相比，SWRO 技术更为先进一些，但其常规预处理方法中也存在不足之处。海水中存在着各种细菌和海藻类物质。而 SWRO 法 RO 系统常规预处理工艺为石英砂过滤（或无烟煤、锰砂等多介质过滤）、活性炭过滤、$3 \sim 10~\mu m$ 精密过滤，有时还有软化器。去除细菌的效果不理想，不能确保 RO 给水无菌，有时被活性炭吸附的有机物还会成为细菌繁殖的温床。为了控制海水中各种微生物的繁殖，常增设 NaClO 发生器，有时还加 $CuSO_4$ 控制海藻。由于聚酰胺（PA）RO 膜对氯敏感，醋酸纤维素（CA）RO 膜耐氯虽好些，但在某些金属离子存在时，CA 也易被氯氧化而降解。CA 膜还易被细菌污染，并成为细菌的培养源和繁殖地。因此，这两类膜组件的给水均需除氯处理，通常采用 $NaSHO_3$ 去氯。但这种方法并不能解决海洋微生物的污染问题。当海水温度高于 $25^\circ C$ 时，即产生所谓"后繁殖"现象，会加速细菌的污染。膜需用大量的去除氯和溶解氧，创造保护膜的还原气氛，增加了运行成本。

其次，SWRO 技术常规预处理方法的工艺冗长。先是对给水间歇式加氯，再加絮凝剂和凝聚剂，然后经二级压力多介质过滤器去除已絮凝的胶体物质，接着添加阻垢剂和 $NaSHO_3$，再经过保安过滤器。一是操作烦琐；二是费用高（估计占设备总投资 $30\% \sim 40\%$，占运行费用的 $20\% \sim 70\%$）；三是需经相当长的一段时间才能产出合格的滤水；四是占地大（占厂总地盘的 50% 左右）。

3）微咸水资源利用及相关技术中存在的问题

微咸水开发利用可以大大节约淡水资源，创造显著的经济效益。然而，在其开发利用过程中仍存在不少问题需要引起关注，展开进一步的研究。就微咸水灌溉来说，尽管节约灌溉淡水使用量，然而微咸水灌溉引起的土壤质地变化、对作物本身的影响机理等问题的研究仍然处于探索阶段；就微咸水淡化而言，淡化设备的推广与维护、淡化处理工艺的优化等问题仍没有解决，同时淡化微咸水的成本控制，以及与当地淡水资源的协调利用也是没有解决的问题；就微咸水养殖而言，尽管目前规模化养殖经济社会效益明显，然而其带来的环境问题、海水入侵问题等正日益受到相关研究者的重视，探讨环境友好的微咸水养殖模式应成为今后工作的重要内容。

4）再生水资源利用及相关技术中存在的问题

我国城镇污水再生利用工作已经开展多年，有些工程取得了较好成效，尤其是经济发达地区。部分替代了优质水源，有效缓解了当地缺水状况。然而，我国污水处理设施、配套管网的不足，人们对再生水资源认识的偏见等都给再生水利用渠道的开发造成了极大困难。主要表现在以下几方面。

① 城市污水处理设施不足、配套设施滞后。目前，我国污水处理率不足 40%，回用率更低，排水管网建设也相对滞后，阻碍大规模回用的目标。

② 城镇污水处理运行费用得不到保证。污水处理费用征收标准较低，一般在 $0.2 \sim 0.3$ 元$/m^3$，而实际城镇排水处理成本高很多，运行经费不足，降低了污水处理厂的处理负荷。

③ 供水、回用水、污水处理费用比例不合理。目前，大部分城市供水的水价比较低，均在 $1 \sim 1.5$ 元$/m^3$，而要保证回用水的可持续利用，水价应在 1 元$/m^3$ 以上，加之管理不统一、公众对污水回用的安全性认识不足、配套政策法规不完善等原因，落实中水回用还比较

困难。

5）矿井水资源利用及相关技术中存在的问题

对矿井水资源化利用的重要性认识不到位，未将矿井水的合理利用摆到重要位置。矿井水是矿物开采过程中不可避免产生的伴生物，受传统计划经济的影响，矿山注重采矿业而轻视伴生资源的合理开发和利用的现象依然没有改变，因此，矿井水并未被看作重要的水资源作为矿区发展循环经济、保护生态环境、实施可持续。

与其他水处理行业相比，矿井水利用的技术、设备还不够完善。目前，矿山企业和相关科研院所等单位进行了多年研究，已开发、推广了一批矿井水净化利用的技术成果，取得了很多成功经验。但随着煤炭工业现代化建设的加快和对分质供水、安全用水水质要求的不断提高，矿井水处理工艺、技术及设备等均有进一步需要研究并加以完善的地方。

6）云雾水资源利用及相关技术中存在的问题

云雾水的利用主要是应用在人工降水方面，其受到天气、地理环境、季风等自然因素的影响较为严重。目前，人们采用的人工降雨主要是用飞机或者炮弹将"干冰"等送入云雾层，使其凝结形成降水，缺点是成本很高，只有在十分干旱缺水的季节才不得已使用，云雾水在其他方面的运用目前在我国还十分有限。

4.2 国外先进节水技术和经验

4.2.1 常规水资源节水先进技术与经验

1. 常规水资源节水先进技术

1）农业用水节水先进技术

农业用水在整个用水系统中所占份额较大，具有较大的节水潜力，且节水技术的研究也最为成熟。目前，国外农业用水主要采用以下节水技术。

（1）农业耕作节水技术

农业耕作节水技术包括改良耕作方法、推广地面覆盖技术。

① 改良耕作方法。土壤的蓄水保墒，节水增产可以通过改良耕作方法来调节土壤物理；性状达到更趋于理想的效果。有关保护性耕作和农业可持续发展方面的研究在发达国家已经大力开展，其明显趋势包括：主要以因地制宜，少耕免耕为主；从浅耕向深耕发展；从耕翻趋于向深松；以粮草轮作及适度休闲替代单一作物连作；重视水土保持、以肥调水、纳雨蓄墒。以美国为代表的发达国家，已研制成功免耕播种机和高效除草剂，这说明现代化的免耕技术已在小麦、大麦、大豆、烟草、棉花、高粱、甜菜和饲料中广泛应用。

② 推广地面覆盖技术。地面覆盖的特点包括抑制蒸发、提高地温和蓄存雨水等，同时还有成本较低、技术简单等特点。国外一些国家大量研究和应用了地面覆膜技术，地面覆膜非常有效地起到了保水增产的作用，地面覆膜节水保水，主要有 3 种措施：地膜覆盖、秸秆

覆盖、砂石覆盖，最常见和使用最广泛的是地膜覆盖。这不仅起到节水作用，也起到保温作用。

（2）农业生物节水技术

在农业领域中广泛应用了以基因工程为核心的现代生物技术，以转基因和生物重组为基础的生物技术研究，不断有新的突破，尤其是在美国，进行了高产优质作物新品种的研发，在这方面的研究成绩卓著。目前，这些品种已开始进行播种及试验推广，试验结果证明，在抗旱节水方面成效显著。其总部设在墨西哥城的国际玉米、小麦改良中心（International Maize and Wheat Improvement Center），以培育优质、抗病、高产的玉米和小麦品种闻名于世，在 10 年前已绘制完成玉米抗旱基因的遗传因素，同时进行了重要基因的克隆，应用前景广阔。

（3）农业节水信息管理技术

农业生产社会化与整个社会发展历史阶段紧密相联，在现代网络技术应用于农业领域之后，因特网是这个应用的典型代表。这样促使农业生产社会化进入了一个崭新阶段，使农业生产活动与整个社会紧密联系起来，农业生产社会化进入一个新时期。1993 年，美国政府提出建造"信息高速公路"，使现代网络技术在农业领域得到迅速普及。农业公司、物流公司、农业专业协会和农场，都得益于现代网络信息技术。据美国伊利诺伊州统计表明，使用了计算机技术的农户已经达到 67%，这其中包含 27% 的人群使用互联网技术。在农业节水方面，运用计算机和网络技术最具代表性的是美国和以色列，他们利用计算机监测气温、风速、风向、空气湿度、土壤含水量、土地温度、水的蒸发量、太阳辐射等参数，利用这些参数对土地进行管理。尤其是在以色列，有的农场主已在家利用计算机通过有线或无线方式，对土地灌溉过程进行操控。

（4）农业节水新技术

农业节水新技术包括地面灌溉节水技术、地面平整技术和水平畦灌技术、节能高效的喷灌技术与微灌技术、节水高效灌溉制度、化学节水技术等。

① 地面灌溉节水技术。地面灌溉技术是耗水量最大，可节约空间最大的一项技术，现在普遍采用的技术有小畦灌、分段灌溉，闸管间歇灌溉、隔沟灌溉，膜上防渗灌溉，细流灌溉等灌水技术，对于节约用水，提高灌溉效率有重要意义，同时也节约了灌溉成本。

② 地面平整技术和水平畦灌技术。国外推广和应用地面平整技术和水平畦灌技术，最先进的是激光平地技术，它使土地平整划一，方便灌溉和节约用水，这些技术已在欧美等农业发达国家得到广泛应用。

③ 节能高效的喷灌技术与微灌技术。在农业现代化最发达国家之一的以色列，节能的微灌技术使用面积已经占到灌溉总面积的 40%，其余为喷灌方式，同时，自动控制系统得到普遍推广。更为先进的技术是可以在田间安装传感器，这些传感器可以测量出植物的直径和果实变化，利用事先输入的程序，自动确定时间和灌溉量。

④ 节水高效灌溉制度。建立主要农作物（冬小麦、棉花、夏玉米）的关键需水期及节

水高效灌溉的指标体系，确立主要农作物的水高效灌溉决策模型，总结得出节水高效的灌溉模式，建立主要农作物的调亏灌溉指标体系，有效地提高了水分的利用效率，改造了传统的丰水高产型灌溉制度，使之转化为效率更高的现代节水优产型灌溉制度。

⑤ 化学节水技术。化学节水技术也受到各国研究者的广泛关注，在不久的将来，化学节水技术将成为农业节水技术的重要组成部分。

2）工业用水节水先进技术

工业用水在城市用水中占有较大比例，因此，工业节水对城市节水具有重大意义。发达国家城市工业节水主要在于循环水和冷却水两个方面。

（1）循环用水技术

循环用水在美国工业中得到了广泛应用，据报道，加利福尼亚的 Sanjose 在 1988 年和 1989 年有 15 个工业行业，包括食品工业、金属精加工、纸张再处理、电子工业等，采用循环用水，每年总节水量达 56 万 m^3，总经济效益为 200 万美元。在这些循环用水工艺中，有些将工艺过程中的用水回收循环利用，有些则在排放下水道前经预处理后回收利用。事实证明，一个工厂内的循环用水，允许有较大的水质波动范围（回用于不同的生产工序），因此是首先应考虑的节水措施。

（2）冷却塔回用水技术

国外很多公司通过改进冷却塔给水系统而节约用水，也有一些大公司如 Exel 微电子公司、Intel 公司等采用臭氧对空调用水或其他轻度污染水进行处理回用，明显减少了废水排放量。另外，很多工厂通过改进生产工艺和生产设备达到节约生产用水的目的。

（3）设备改进措施

国外很多工厂通过改进生产工艺的设备而减少用水量。许多公司采用反渗透生产去离子水时，通过采用新材料和改变运行参数大大减少了反渗透工艺中的流量。如 Dyna-Craf 公司在电镀部分安装空气刀（Air-Knife），将电镀的废酸洗液吹回到工艺池中，从而减少了清洗水。

（4）用水监测及雇员教育

一些国家十分重视用水量监测，大部分工业监测设备较为完善，确保了节水措施发挥作用，同时促进降低漏损和杜绝其他浪费用水。除此之外，国外极其重视对雇员进行节水教育，雇员是节水运动的主体，其节水意识的提高对保证节水效果极为重要。

3）生活用水节水先进技术

生活用水在用水中占有较大份额，如沙特阿拉伯占 47% 左右，具有较大的节水潜力，其节水技术也研究得最为成熟。目前，国外生活用水节水主要注重以下几个方面。

（1）生活用水监测和用水量估计

实行用水量监测，是为了解实际的用水量和用水方式，进而得知供水系统的运行状况，为合理、公正地确定水价提供依据。用水量估计主要是通过调查和评估用水现状，按照节水原则合理估计未来生活用水量。

（2）采用节水型家庭卫生器具

节水型卫生器具一般是低流量或超低流量的卫生器具，研究表明，这种器具节水效果明显，用以替代低用水效率的卫生器具，可平均节省 32% 的生活用水。节水型卫生器具包括节水型便具、节水型洗涤器具、节水型淋浴器具等。

（3）家庭草坪浇灌节水技术

据统计，美国大约有 50% 拥有草坪的居民过量浇水，因此具有较大的节水潜力。草坪浇灌节水技术通过改进浇水方式、建立不同季节的浇水规定、控制浇水时间、选择抗旱草种等达到节水目的。1990 年美国曾开发了一个试验程序，以降雨量和草坪跟部深度为主要影响因素，控制浇水量，结果证明该程序是可信的。

（4）水价结构和漏水控制

城市生活用水的水价结构反映了水的制造成本、销售效益和其他效益。居民生活用水的水价是大多数公司首先关注的问题，因为其份额大且使用群体稳定。节水型水价的研究在美国进行得很多。国外研究证明，漏水控制的节水效果也是相当明显的，英国北爱尔兰在未实行漏水控制之前，每幢建筑物平均漏水量为 23～40 L/h，在实行漏水控制后，平均漏水降至 8～11 L/h。

4）跨区域调水先进技术

美国是世界上建设跨流域调水工程较多的国家之一，而且在这方面积累了丰富的经验。

（1）调水规划中重视节约用水

工业要求循环用水和废水处理后再利用；农业要求大力发展喷灌、滴灌等节水型灌溉方式；为减少输水损失，很重视渠道衬砌；在渠道上设置节制闸，并通过先进的调度控制手段，一般很少设置和使用退水建筑物，使调出的水量得到充分利用。

（2）重视工程的合理配套设施

国外跨流域调水工程十分注重施工质量，以及工程设施、设备的维修养护与更新，一般要通过各种配套工程来具体发挥作用，没有合理完善的配套工程，就难以充分发挥工程的效益。因此，美国的跨流域调水工程十分重视配套工程的合理与完善，这与以往我国水利工程建设中存在的"重主体、轻配套"的情况形成鲜明的对照。美国跨流域调水工程的建设有一整套严谨完善的质量保证体系，以确保工程施工质量的完好。在工程设施、设备的维修、养护与更新方面，也有相应的规程、规范加以约束，工程管理机构十分重视这方面的工作。

2. 常规水资源节水经验

1）农业用水节水经验

（1）重视旱地农业的研究与发展

农业灌溉粮食生产中的重要作用是毋庸置疑的，但从全世界范围来看，由于各个不同地区间资源条件的不平衡，仍有 80% 的农田以降雨为主要的需水来源。为了保证不断增长的粮食需求，保证粮食安全，一些国家根据自身的地理条件，采取了不同的节水灌溉措施，尤其是在较为干旱的地区，研究如何发展旱地农业，例如：在印度，人们采取蓄水耕作，有效地利用了天然降雨；二是采用集水种植，将造成水土流失的径流收集起来。集水种植包括以下几种方式：第一，将田间降水收集在蓄水池中；第二，径流农业，即利用人力在田内创造集水区，将田块按照耕作方向或等高线分成种植条带和非种植条带，同时根据当地降雨量的不同对种植条带和非种植条带进行排列，非种植条带为贮水区，贮水条带的宽度根据当地降雨量决定，与种植条带的宽度要相得益彰，这个方法对于保证种植作物的稳定高产、降低生产成本、提高水分利用率等方面的作用已被得到证实。种植业大国墨西哥对玉米、大麦、大豆等作物开展的集水农业开始于自 20 世纪 70 年代初，在 7 个州开始实验研究。以色列所采用的主要方式为旱作农业，更多地采用工程集雨补充灌溉和优化农田耕作技术手段。以色列的中部和东部山地丘陵区，年降水量一般为 200～400 mm，采取筑坝引洪集雨工程，然后在作物关键生育期进行联合调度补充灌溉。

（2）合理开发水资源

由于意识到水资源对于农业生产的重要作用，世界各国都对当前能够利用的水资源进行了深度开发利用。埃及通过开发地下可用水资源及尼罗河上游水资源来满足当前短缺的农业用水。印度在旱季一般采用大量抽取地下水的方式应对农业灌溉，这种方式能够达到腾空地下库容，从而充分调蓄地表径流的目的。另外，还采用改变作物的种植结构方式，从而改变不均衡的用水结构，缓解干旱压力。在井灌区及井渠结合灌区、水库灌区，采用不同的采水及输水方式，充分运用现代化技术工具，如利用地下水动态模拟 Modflow 软件，进行模拟预测；采取干支渠防渗衬砌，加大向下游输水能力；建立灌区作物种植结构与流域水资源优化调度信息系统，根据径流来水量预测、蓄水工程的调蓄能力等。大力改善供水及输水能力，对水资源进行高效配置，有效地保障了农业生产用水供给率。

2）工业用水节水经验

工业中的清洁生产主要是在生产过程的开始和过程中，采用节约能源与原材料的工艺和技术，以达到提高各类资源利用效率的目的。西班牙在工业领域逐步推行清洁生产政策，包括减少用水量、降低污染负荷及循环利用工业废水等。一家生产铸铝零件的工厂实施了清洁生产项目后，通过循环使用清洗液，使总用水量降低了 33%，产生的废水量减少了 95%，化学品消耗量减少了 70%。

日本各企业对节水产品的开发竞争已经达到白热化。三洋公司推出了循环式洗衣机，洗衣服用过的第一筒水经过臭氧净化后重新流回滚筒里，用于漂洗或冲洗，用水量减少了 2/3，西服、玩具、运动鞋等的清洁甚至可以不用水，直接用臭氧来分解脏东西和去除异味。

3）生活用水节水经验。

（1）防渗漏技术的采用

城市供水管网因老化或失修导致的漏水，致使大量的水从管线的破裂处或分布式管网中消失。这样，不仅浪费了洁净的自来水资源，提高了供水成本，而且有时还会因此引起工程或人身安全事故。城市节水的前提是防止供水管网漏损。防渗漏技术在节水措施中占很重要的地位，特别是对于城市一些输水管道，如果不注意防渗漏问题，水资源的浪费将是巨大的。通常，自来水管道漏损率在 10% 左右。为了减少管道漏损，在管道铺设时，需选用质量好的管材并采用橡胶圈柔性接口。另外，还必须加强日常的管道检漏、维修和更换工作。

美国洛杉矶市供水部门中有 1/10 人员，专门从事管道检漏工作，使管网漏损率降至 6%。在自来水管道漏水比较严重的日本首都东京，自来水局建立了一支 700 人"水道特别作业队"，其主要任务是早期发现漏水并及时进行修复。美国马萨诸塞州水资源当局投资 2 100 万美元用于管网探漏和维修，将大波士顿区的系统供水损失降低了 10%，是所有投资计划中效益最好的一个。为了从根本上防止漏水，从 1980 年起，开始逐步以不锈钢管道代替旧有的铸铁管道。在奥地利首都维也纳，由于采取措施防止漏水，每天减少损失 6.4 万 m³ 的洁净水，能满足 40 万居民生活用水的需要；新加坡公用事业局严查在自来水输送各个环节的水管"跑、冒、滴、漏"现象、水表损坏以及被他人通过非法连接的偷水现象。这使得新加坡的全国水量流失率，即水厂生产水量与出售到市场上的水量差异控制在最低限度，仅为 5%，成为全球失水量最低的国家。日本东京的水量流失率为 6%，而亚洲多数城市的水量流失率高达 40%～60%。

（2）节水型器具的使用与普及

目前，世界各国普遍推广使用节水型器具，减少用水设备与装置的"跑、冒、滴、漏"。节水型卫生器具一般是低流量或超低流量的卫生器具，可平均节省 32% 的生活用水。从一些发达国家的家庭用水调查来看，做饭、洗衣、冲洗厕所、洗澡等用水占整个家庭用水总量的 80% 左右。由此可见，改进厕所的冲洗设备，采用节水型家用设备是城市节水工作的重点。通常，淋浴喷头每分钟喷水 20 多升，节水型喷头至少可节省一半的水。节水型洗盘机和洗衣机比普通型产品节水 25%～30%。采用节水型抽水马桶（6 L/次以下）比原来普通的马桶（9～12 L/次）可以节约用水 1/3～1/2。采用这些简单的节水措施很容易使家庭用水量减少 1/3。

近年来，美国很多厂家已研制出许多种节水装置，包括节水型的抽水马桶、淋浴喷头、洗衣机和水龙头等。这些装置已安装在美国西部居民家庭中，一般可节约生活用水 20%。鉴于节水装置能大量节约生活用水，1985 年美国加州的法律规定，要求 1988 年每家都装上新节水装置。日本福冈市在 1979 年就制定了《关于福冈市节水型用水措施纲要》，第一项内容就是要普及家庭节水器具。瑞典水资源虽然很丰富，但瑞典人却非常注意节水。在瑞典市场上，所有的水龙头、淋浴喷头或抽水马桶都是节水型的，可以说是"只有更节水的，没有不节水"的。例如，抽水马桶至少有两档排水阀；住房里的排水管很细，甚至浴缸里的排水管也很细，这样做的目的是节水，如果出水量过大，水槽里很快就会出现积水，这样"逼迫"人们不得不将水龙头或淋浴喷头开得小些。

4）经济法律措施及经验

当今世界各国已颁布许多法律法规，严格实行限制供水，对违者进行不同程度的罚款处理。目前，以色列、意大利及美国的加利福尼亚、佛罗里达、密执安和纽约等州分别制定了法律，要求在新建住宅、公寓和办公楼内安装的用水设施必须达到一定的效率标准方可使用。另外，许多城市通过制定水价政策促进高效率用水，同时以偿还工程投资和支付维护管理费用。美国的一项研究认为，通过计量和安装节水装置（50% 用户），家庭用水量可降低

11%，如果水价增加一倍，家庭用水可再降25%。这就是说，通过计量、安装节水装置、提高水价等，家庭用水量或人均总用水量可大幅度下降。另据对包括澳大利亚、加拿大、以色列和美国等诸多国家的调查结果表明，水价每提高10%，用水量将下降3%～7%。国外比较流行的是采用累进制水价和高峰用水价。我国长期以来，由于沿用政府包下来的做法，使我国的水价一直低于成本，供水企业亏损严重，成了各级政府沉重的包袱。这样，一方面供水企业经营困难，另一方面浪费水的现象严重。在依法治水方面，我国严重存在着有法不依、执法不严、违法不究的现象，使许多的法律规定没有得到很好的执行。

4.2.2 非常规水资源节水先进技术与经验

1. 非常规水资源节水先进技术

1）雨水利用先进技术

雨水利用技术可很好地应用到绿色建筑小区中。这项技术利用生态学、工程学、经济学原理，通过设计的人工净化或自然净化，将雨水利用起来，从而实现环境、经济、社会效益的和谐与统一。具体做法和规模依据小区特点而不同，可以采取设计屋顶、水景、渗透、雨水回用等做到雨水利用与生态环境、节约用水结合起来。雨水利用技术有多种，常与中水回用技术相结合，具体见表4-2。

表4-2　雨水利用技术

技术类型		特点及适用范围
雨水入渗系统	渗透地面	采用雨水入渗系统，将雨水回灌地下，用以补充涵养地下水源，是一种间接的雨水利用技术，主要包含渗透地面、渗透管沟、渗透池和渗水盆地等方式。其中渗透地面包括天然渗透地面和人工渗透地面，天然渗透地面主要指草地，人工渗透地面是指铺装透水性地面
	渗透管沟	
	渗水池	
	渗水盆地	
雨水渗透排放系统		设置适当的管道直径和敷设坡度，满足雨水溢流排放量的要求。减轻市政雨水管网的压力，而且对园区绿化环境起到良好的保护效果
砂基渗水砖应用技术		具有良好的耐候性与优良的可塑性，它可有效利用雨水资源，收集的雨水经过滤后可用于洗车、浇灌等
虹吸式雨水利用系统		利用雨水从屋面流向地面的高度差所具有的势能，选择管材和配件，使悬吊管内雨水负压抽吸流动并以极高的速度流向室外。它具有结构合理、气水分离性能好，水利性能具有泄水流量大、斗前水位低等特点
雨水积蓄系统	单户蓄水	用雨水积蓄系统将居住小区内绿地和其他渗透设施无法消化的地表径流收集起来，经处理后直接使用
	蓄水池	
	水景蓄水	
合理规划雨水径流途径		有利于加强建筑住宅雨水收集利用
雨水综合利用技术		雨水利用与水处理、景观设计相结合

对于以渗透为主的雨水利用项目，不论哪类投资主体，其收益都更多地表现为间接效益，如节省排水设施建筑安装和运行费用、补充地下水等，环境效益和社会效益比较明显。如果只从经济效益上来评估这类技术措施，其经济性并不高，但这类技术对地区生态环境具有很重要的意义，其主要环境效益体现在涵养地下水、美化环境、防洪、消除污染产生等方面。

雨水积蓄系统是一种对雨水直接利用的方式。单户蓄水雨水收集量有限，造价较高，一般仅少量用于别墅类建筑。蓄水池主要适合于降雨充沛，小区内有可利用地下空间的情况。水景蓄水需在小区内建造雨水湿地水塘或人工湖等水景，雨水处理的原理同中水处理，水景占地面积大、水深浅，可以达到雨水沉淀的作用，加上植物的生长基质对雨水中污染物的吸收和过滤，实现了雨水沉淀和过滤联合作用，具有生态美观，运行成本低，周期性投入少，管理维护简单的优点，同时能缓解城市排水管道压力，在当今绿色小区建设中被大量使用。但是，该工艺占地面积大，受气候影响较大，气候适宜地区的保障性住房建设中可采用。

雨水积蓄利用技术常与中水回用技术相结合，将雨水收集作为中水水源，经处理后用作绿地浇灌、水景补水及冲洗厕所等。合理规划雨水径流途径主要是在设计阶段考虑，成本较低。利用合理规划雨水径流途径将雨水分散处理、雨水收集、雨水集中处理、雨水渗透等技术进行集成优化，工艺确定时可以针对不同的气候条件、不同建筑和地形特征、不同的雨水利用目的等诸多因素进行各种工艺段的选择与组合，有利于加强建筑住宅雨水收集利用。

2）海水利用先进技术

海水利用技术主要包括海水淡化、海水直接利用和海水化学资源提取。

① 海水淡化是一种从海水中获取淡水的过程，一般分为热法（蒸馏法）和膜法两大类。目前成为热法主流技术的是多级闪蒸和多效蒸馏；成为膜法主流技术的是反渗透。热法适用于水质较差、水温较低的海域应用，一般单机规模较大，能够生产出高纯淡水，可直接作为高压锅炉补水和居民饮用水；一般通过电厂余热或与蒸汽结合实现水电联产。膜法适合于水质较好、水温较高的海域应用，其关键部件主要是反渗透膜、能量回收装置和高压泵。

国际上海水淡化热法和膜法技术均已十分成熟，可以在低成本、低能耗的情况下每个工程达到日产几十万吨、甚至近百万吨的水平。世界上最大的海水淡化工程是 2009 年在沙特建成的，采用热法，每天产水量达 88 万 t，淡化成本为每吨 0.57 美元。世界上最大的膜法海水淡化工程是在以色列建成，每天产水 33 万 t，淡化成本为每吨 0.53 美元。目前，全球已建成 114 万个海水淡化工程，每天可生产 6 400 万 t 的淡化水。这些水的 80% 以上进入了市政管网，解决了 2 亿多人的饮水问题。

② 海水直接利用就是把海水直接作为农业用水、工业用水和生活用水。主要包括海水灌溉、海水冷却和海水冲厕。

● 海水灌溉。早在 1949 年，有两个在以色列工作的日本园林专家偶然发现海水可以灌溉林木，便开始有关的科学研究。具有较大规模的专门研究，是随着全球性淡水危机，在美国 20 世纪 80 年代开展的。这大体上循着两条技术路线，形成两个学派。一个以埃斯坦为首，用基因工程方法对传统作物进行改造，至今成效不大。一个以美国亚利桑那州立大学的塔可逊环境研究实验室为代表，从已有耐盐植物中进行筛选，培育可大面积种植的海水灌溉作物，取得了很大的成功。从世界范围看，大体上也是这两种思路，两个学派。世界上许多国家的科学家利用培养的细胞或愈伤组织，通过盐胁迫诱导耐盐突变体，已经在部分农作物、牧草、草坪草、烟草、部分果树、林木、蔬菜上取得一定成功。据报道，美国已经培育出 2 种全海水小麦、29 种半海水春小麦和耐 2/3 海水的番茄。印度已经培育出耐 80% 海水的春小麦。据估计，印度如果采用海水灌溉其 860 万 hm^2 的滨海沙丘地，可收获 200～250 万 t 谷物。在林纳米亚埃地区，用海水灌溉 6 次的种植牧草增产 71%，大麦增产 63%。在达吉斯坦共和国列宁斯克地区，采用 12%～13% 盐度的里海海水，同样进行 6 次灌溉，苜蓿和干草收成成倍增长。西红柿和西瓜的成熟期缩短，产量增加。采用里海海水灌溉（1 000 m^3 海水/hm^2）的秋播小麦"无芒 1 号"品种籽粒收成 2 000 kg/hm^2，而未灌溉的对照区的小麦则因干旱而枯萎。当海水灌溉与施肥相结合时，秋播小麦收成增加到 2 600～4 000 kg/hm^2，大麦增加到 4 000 kg/hm^2。

●海水冷却。包括海水直流冷却和海水循环冷却两种方式。海水循环冷却是通过冷却塔将海水冷却并经必要的处理后再循环使用的技术。与同等规模的海水直流冷却系统相比，海水循环冷却系统的取水量减少 97.5%、排污量减少 98% 以上。传统的海水直流冷却在全世界年用水量约 7 000 亿 m^3，为各国节约了大量的淡水水源。但由于直流冷却用水量过大，温水排海等可对海洋环境造成严重危害。目前国外正在大力推行和采用海水循环冷却方式，已建造 100 多座海水循环冷却工程，最大工程的海水循环量达到 15 万 t/h。

●海水冲厕。海水作为大生活用水，英、美、日、韩等已经有多年历史。在香港成功采用海水冲厕系统以后，新加坡也向香港学习，采用这套系统，因为新加坡的淡水供应必须依靠马来西亚，而且费用高，于是，新加坡也成为世界上有效利用海水冲厕的国家之一。

③ 海水化学资源综合利用技术是指从海水中投取化学元素和生产人类需要的化学品及其深加工技术。主要包括海水制盐及提取钾、溴、镁、锂及铀等化学元素。国外海水提取高纯镁砂、海水提取溴素已得到产业化应用，并积极开展从海水中提碘、提铀和提锂等技术研究。目前，全世界每年从海洋中提取海盐 6 000 万 t、高纯镁砂 260 万 t、溴素 50 万 t。

3）再生水利用先进技术

再生水（中水）回用技术减少了为满足用水要求而必须从环境中取水的数量，于水量有益；同时也减少了排放环境的污染物，于水质有益。这项技术还可减少排放水体中氮磷总量，比新建污水处理工程易实施，对生态环境几乎不产生隐患，而且能减少对区域的水环境造成的污染影响。目前，在住宅小区中采用的再生水回用技术主要有物化处理、生化处理和土地处理技术等。当采用再生水回用技术时，建筑物需要设置配套的管道系统。各类再生水回用技术及特点、适用范围见表 4-3。

表 4-3　再生水回用技术

技术类型		特点及适用范围
物化处理技术		(1) 运用物理和化学的综合作用使废水得到净化； (2) 无须生物培养，具有设备体积小、占地省、可间歇运行、管理维护方便、经济成本较低、但出水水质不稳定； (3) 产生大量的剩余污泥，对小区的居住环境产生一定的影响； (4) 主要依靠化学药剂去除污染物，因此主要用于处理低污染的生活废水，对 N、P 的去除很难达到景观用水的要求
生化处理技术	生物接触氧化	(1) 处理优质杂排水、生活污水及粪便污水； (2) 工艺成熟、运行稳定、成本低廉、抗冲击负荷能力强； (3) 微生物的活性高，有机物去除效率高，个别工艺还具备脱氮除磷功能； (4) 微生物的培养和驯化，以及系统的运行需要专业人员操作
	序批式反应	
	曝气生物滤池	
膜式生物反应处理技术		(1) 集生物处理和膜分离于一身的高效生物处理工艺，将生物降解作用与膜的高效分离技术结合而成的污水处理技术； (2) 具有耐冲击负荷能力强，有机物及悬浮物去除效率高，出水水质好，结构紧凑占地少，污泥产量少，自动化管理程度高，造价较高等特点； (3) 可处理生活污水和粪便污水等污染物含量高的污水，但是在使用中其滤膜易堵塞，会对周围环境产生不良影响
毛管渗滤土地处理技术		(1) 利用专用塑料薄膜在地下围成一个生物滤池，通过配水系统将生活污水引进草坪下，均匀地向厌氧滤层渗滤，具有运行稳定可靠，抗冲击负荷能力强，不影响地面景观等特点； (2) 无须建设复杂构筑物，综合投资和运行费用低；运行管理简单，便于维护；水质不够稳定，需要较好的预处理设置，适用于容积率较低的住宅区
人工湿地		(1) 处理优质杂排水、生活污水及粪便污水； (2) 人工湿地具有低能耗、高效率、运行管理简单和生态环保等特点，利用自然生态系统中物理、化学和生物的三重共同作用来实现对污水的净化； (3) 由于受植物生长条件的限制，在冬季室外温度较低时，人工湿地将停止运行，因此不适合四季运行的中水处理项目； (4) 占地面积大
生态污水处理系统 (Ecological Treatment System, ETS)		(1) 将生态工程原理与传统污水处理概念相结合，借鉴自然界水体自净原理。这种技术效果好，运营成本低。 (2) 主要由 3 个部分组成：调节池，生态桶，砂滤（或人工湿地）。具有无臭味、无噪声、全自动运营，维护方便，周期性投入少，运行费用低，出水水质稳定可靠，并且系统景观化，不添加任何化学物质，不会造成对周围环境的二次污染等优点。 (3) 工艺受季节气候影响较大，适用气候温和的区域

再生水处理技术一般根据居住区的中水水源的水量和水质，设计出水的水量和水质，考虑居住区的环境条件和经济基础，经过技术经济分析，组合选用适宜的处理技术，如居住区有市政中水供应的，应采用市政中水。居住区再生水系统相对来说具有以下特征：水源单一，主要是居民生活用水；水量变化大，集中排水时间集中在用餐和休息时间；水质随季节变化，冬季水质较好，夏季水质较差；出水水质要求高，再生水可以用于绿地浇灌、洗车、道路清扫、水景补水、冲洗厕所，特别是用于补充景观水体和绿地浇灌时，再生水回用的水质标准部分高于一般的城市污水处理厂二级处理的出水标准。因此，再生水处理工艺必须具有较强的耐冲击负荷能力，满足出水水质要求，考虑投资费用和运行成本。

目前，再生水处理技术种类有很多，国外再生水系统多采用完全分流系统，并针对各住区污水排放量小的特点开发一体化污水处理；随着人工湿地和膜生物处理技术的发展和普及，大量项目采用此种中水处理工艺。日本的再生水回用最为典型，在上水道和下水道之间专门设置了中水道。再生水回用于农业灌溉、工业用水、市政杂用、地下回灌。日本从 20 世纪 60 年代起就开始使用再生水，至今已有 50 余年，目前经过深度处理的再生水已加到饮用水管道中。日本政府大力提倡使用下水道再生水与雨水冲厕所、冷却、洗车、街道洒水、浇树木等。

4）矿井水利用先进技术

国外把处理矿井水作为环境保护工作的重点，认为矿井水是一种伴生资源而不是负担，矿井水涌出越大，盈利越多，经济效益也就越大。所以，矿井水处理技术发展比较完善。许多国家对矿井水进行适当处理后，一部分达到排放标准，排入到地表水系。另一部分水量回用于选矿厂工业给水和矿井生产。

日本矿井水除部分用于洗矿外，大部分矿井水经沉淀处理去除悬浮物后排入地表水系。对矿井水处理采用的技术一般有：① 固液分离技术；② 中和法；③ 氧化处理；④ 还原法；⑤ 离子交换法等。

英国矿井水综合利用技术主要解决以下三大问题：① 对含悬浮物的矿井水进行沉降处理；② 对矿井水中铁化合物的去除；③ 矿井水中溶解盐的去除，采用化学试剂中和处理及反渗透、冻结法进行脱盐处理。

俄罗斯对矿井水的处理技术及其利用的研究起步较早、成果显著、居世界领先地位。俄罗斯煤矿环保研究院研制了用气浮法净化矿井水，采用净化水部分循环工作方式，循环水在压力箱中剩余压力作用下充满空气，较好地形成轻浮选剂。俄罗斯采煤建井和劳动组织所研究的电絮凝法，是以直流电通过金属电极处理矿井水，在电化学、电物理综合作用下，使矿井水杂质颗粒、水和微气泡形成松散团粒，凝聚后漂浮在水面上，形成一层泡沫后用刮板排除。此法可使杂质团粒的沉淀速度提高数倍，并对排除乳化于水中的石油产物和其污染物有效。

20 世纪 80 年代前后，美国和一些欧洲国家先后开展了采用人工湿地处理矿井水的实验研究取得了一些可喜的成果，目前已逐步应用于生产，并收到良好效果。此法具有投资省、运行费低、易于管理等突出优点，引起了人们的极大兴趣。

总之，世界上不少国家在矿井水的利用技术方面，进行了广泛的研究和实践，已取得许多成果，积累了不少经验。但由于矿井水成分的复杂性和地域的特点等因素，现有的处理与回用工艺技术还不够完善和成熟。针对不同的水质情况和回用的具体要求，应采用不同的工艺技术。

5）微咸水利用先进技术

（1）淡化技术

在中东、北非、北美、南欧、东亚及地中海小岛等国外某些城市及地区，微咸水、苦咸水是唯一供水水源。发展技术可靠、经济可行和环境友好的微咸水脱盐技术成为迫切需要解决的问题。从能源供给、能耗、技术先进性等角度看，目前有自然絮凝预处理技术、太阳能电池板集成技术、反渗透技术（RO）、低温多效蒸馏技术（LT-MED）、多级闪蒸技术（MSF）、太阳能蒸馏技术（SD）及电渗析技术（ED）等。表4-4给出两种主流脱盐技术经济指标，总体来看，工艺技术成熟，能够处理各种类型的微咸水技术集成是主要的努力方向。

表4-4 主流脱盐工艺主要技术经济参数比较

技术经济参数	单位	蒸馏/LT-MED	膜处理/RO
初期投资		高	一般
安装时间	月	12	18
维护费	USD/m³	0.126	0.126
化学操控费	USD/m³	0.024	0.047
预处理		较少	精细
后处理		较少	精细
过程控制		低	高
电力消耗	kWh/m³	2.3	4.2
过程温度	℃	70~75	常温
净转化率	%	35~65	>80
原水水质	mg/L	高达100 000	高达50 000
出水水质	mg/L	2~50	100~500
能量需要类型		电力或废热	电力
能耗	kJ/kg	100~150	<80
处理量	m³/d	300~65 000	高达400

（2）能源供给

在各种微咸水淡化技术中，能源消耗是必不可少的，高效、清洁和环境友好的能源供给方式一直是研究的热点。燃料电池系统属于新的能源供给方式，通过氢气和氧气构成燃料电池系统，其环境友好。将燃料电池系统与反渗透系统组合，能够使进水温度从 20℃增加到 30℃状况下，将反渗透能耗降低 7%～11%，并使下阶段处理过程能量费用削减 10%～20%。为了降低能耗，有机郎肯循环（ORC）发动机也被用于和反渗透组合实施脱盐。

除上述燃料电池及工艺设计创新外，国外研究人员还积极寻求环境友好的可再生能源用于集成新的反渗透工艺。在中东、北非、南欧及地中海小岛，研究人员成功利用光电驱动的反渗透脱盐（PV-BWRO），该技术有望成为解决缺水或水质较差地区的偏远社区或小岛上饮用水供给的成熟选择。希腊研究人员探索采用能量回收系统（ERD）降低能耗并取得成功。Tzen 等进一步研究了反渗透系统与风能以及太阳能组合情况下的运行效率，结果发现太阳能反渗透系统比风能反渗透系统更稳定。能量回收能够有效降低反渗透运行成本，反向泵和佩尔顿涡轮均被用于回收能量，结果表明，佩尔顿涡轮较反向泵具有更好的能量回收效率。

与太阳能一样，风能作为可再生能源，在英国、德国、美国（哥伦比亚、夏威夷）、澳大利亚及希腊等国家和地区被广泛用于膜技术脱盐工艺中。Aerodyn 设计出了风能直接驱动的 RO 和 MVC 淡化装置；Enercon 公司也设计并生产出了可以大规模应用的集成化风电淡化设备，已接近于实际应用阶段。

（3）数值模拟及 GIS 技术的应用

数模作为有效辅助研究工具，在国外的微咸水处理中得以应用，在微咸水膜处理净化生活饮用水技术中，膜处理过程优化（如优化费效比和操作参数等）成为研究的热点。具体来讲，膜处理过程优化包括对膜物理参数（如类型、几何形状、结构）和操作参数（如膜压力、流速、系统回收率、水动力频率、化学清洗频率）等内容。Sethi 等采用弥漫流与费用模型计算反渗透工艺的膜性能及处理费用，费用最小化优化过程中采用连续二次程序算法（Sequential quadratic programming algorithm）。结果表明，采用相对窄小的中空纤维及相对高的流速能够降低膜处理系统的压力，提高和改善小型膜处理系统性能。此外，数学模型还被用于微咸水管理及流域盐度控制，这些模型主要用于探讨天然流量与天然含盐量间的线性关系。

在微咸水开发利用管理方面，地理信息系统（GIS）作为能将地理数据和脱盐工艺有效组合。埃及研究人员通过对太阳辐射、含水层深度、含水层盐度、含水层的位置及地质状况等数据进行 GIS 录入图示及分析，然后结合脱盐工艺的特征进行太阳能脱盐工艺布局和优化，以达到能量利用最大化，降低运行费用和环境不利影响。

6）雾水利用先进技术

地球上不含盐分的水有 1/3 散布在空气中，收集空气中的水是解决缺水问题的一个途径。雾是水的同质异态物，可以直接转化为人类生活和生产所需要的淡水。捕雾取水成为许多国家和地区，特别是干旱的山区、沙漠地区及海岛等解决供水不足的重要途径，一门新的科学技术——"雾水工程"正在兴起。雾水工程的原理非常简单，雾水是由密度很大的细小水珠组成的。它可以吸附在各种物体的表面，遇冷就会结成大的水珠，然后凝聚成水。人们运用这一原理，采用不同的捕雾器来从雾中取水，目前大致有以下几种方式。

（1）捕雾网

在非洲西部的纳米布沙漠里生活着一种甲壳虫，这些被称为"纳米布甲壳虫"的小动物仅有拇指甲大小，它们外形上最大的特点，就是背上有很多麻点样的凸起物，或大或小，密密麻麻。

科学家们发现，甲壳虫身上的麻点就像一座座"山峰"，麻点和麻点之间就是"山谷"。在电子显微镜下可以看到，在麻点和"山谷"表面，布满了覆盖着蜡样外衣的微小球状物，这些球状物形成防水层。当大雾来临时，这种沙漠甲壳虫身体倒立，此时，它们背上的麻点就有用途了：雾中的微小水珠会凝聚在这些麻点上，具有防水层的"山谷"连在一起则构成"水槽"，凝集在外壳上的水就会顺着"水槽"流下，慢慢地、一滴一滴地最终流入甲壳虫口中。

通过模仿甲壳虫收集雾水的习性，科学家研发出一种雾水收集器——"捕雾网"，其特殊材质的滤网，可采集低层云中的雾气，"集液成池"，令雾气成为饮用水。一张长 13 英尺（3.96 m），宽 33 英尺（10.06 m），用便宜的农用聚乙烯塑料制成的网子，每天可收集 66 加仑（249.84 L）的水，这足够一家人使用，如图 4-3 所示。雾水经由捕雾网流入水槽，然后通过小管子流入容器里，这种水非常纯净，无须过滤，如图 4-4 所示。负责推广这种捕雾网的加拿大慈善机构 FogQuest，参与了南美洲、以色列、尼泊尔、海地和纳米比亚沙漠地区的很多项目。

图 4-3　农用聚乙烯塑料捕雾网

图4-4 捕雾网"捕捉"到的水通过管道流到蓄水箱中

（2）新型碗状饮水器

这是一种可以在干旱地带收集晨露的饮水器，如图4-5所示，它可以吸收露水储存于罐中。设计师受沙漠纳米布甲壳虫的启发，设计了这个碗状的露水收集器。光滑的金属顶面和带有波浪纹的侧面更加轻易地"捕获"空气中的小水滴，增大接触面积，以获得更多的雾水。在曲面和储水罐之间还设计有一道"Y"形的槽，目的是过滤空气中的沙尘，保证水质的清澈。此外，这款饮水器倒过来还可以当作脸盆使用。

图4-5 新型碗状饮水器

（3）捕雾棉

荷兰埃因霍恩科技大学和香港理工大学的科学家们在普通的织物棉上涂上被称为PNIPAAm（凝胶/聚合物）的涂层，使其能够在完全的亲水性和疏水性之间切换。在温度高达 34℃时（93°F），PNIPAAm 具有亲水性的海绵状结构。该涂层棉能吸收高达自身重量 340% 的液滴。一旦温度变得更高，聚合物的结构就会"关闭"并显现疏水性质。在处理过的棉花身上，就会导致其所吸收的水分以液滴的形式被释放出来。据报道，收集到的水是纯净和安全的，而且该聚合物能够反复循环使用。

（4）人造树

西班牙科学家还发明了一种改造沙漠的人造树。这种人造树的枝叶皆由吸水性很强的酚泡沫塑料制成，树干由多层密度不同的聚氨基甲酸乙酯塑料制成。将其"种植"于雾区，由于酚泡沫塑料吸水性能非常强，与雾的接触面积又很大，散热很快，所以吸附的雾和凝聚的水分相当可观，这些水分通过树干涌入到沙漠中。白天沙漠中空气干燥，水分又通过树干、枝叶蒸发出来，使周围的空气湿润、温度降低，甚至能形成云，出现降雨。据说，大量"种植"这种人造树，10 年内可使沙漠地区的生态环境大大改善，有可能成为绿洲。

（5）水车

由生态发明家组建的加拿大公司"第四元素"发明了一种空气造水机，名叫"水车"。它可以从空气中"变"出生命源泉——水。

这种水机的耗电量大约相当于 3 个电灯泡，能够将空气中的湿气浓缩净化，使其变成清洁的饮用水。从外观上看，"水车"类似一个巨大的被切成两半的高尔夫球，它由白色塑料制成，直径在 0.91 m 左右，可以安装在墙壁上。

"水车"的工作原理是：吸入空气并让其穿过过滤器以清除尘埃和粒子，在此之后，空气被冷却并形成水。浓缩的水还要穿过一个微波消毒室，利用紫外线消毒。最后，经过滤并沿一条管子流入用户的厨房水管内，如图 4-6 和图 4-7 所示。

图 4-6 "水车"工作原理图

图 4-7　"水车"系统图

2. 非常规水资源节水经验

为了有利于缓解水资源短缺矛盾，不仅要将非常规水源开发利用纳入水资源统一配置，而且要加强非常规水资源的开发利用。

（1）学习先进技术

节水型社会建设是经济社会持续、协调、和谐发展的必由之路，是解决流域内水资源供需矛盾的根本性战略措施。随着高新技术的快速发展和对水资源供需矛盾的日益重视，高新技术将更多地应用于水资源的节约和保护的各个方面。世界各地目前已针对多种用途采取多种手段进行节水，学习各国的先进技术并逐步开发新技术是非常重要的。

（2）提高危机意识

鉴于水资源短缺和水污染，解决水资源短缺问题的传统方法已经达到极限或者接近极限，非常规水资源开发利用已提到议事日程，这是保障和支持经济社会可持续发展的必然选择，要深刻认识发展非常规水资源的战略意义。因此，要提高水危机意识，增强非常规水资源开发利用的认识，建立水资源管理责任和考核制度，这是水资源综合利用和节水的重要措施。

（3）因地制宜推广

应根据非常规水资源的特点，因地制宜，区分轻重缓急，针对不同的区域、不同的形式、不同的用途、不同的时期，通过供求平衡进行开发利用。在区域布局上，要根据各地不同的特点，确定不同的重点，提出不同地区、不同条件下非常规水资源的总体布局和重点领域。

（4）完善配套政策

鼓励非常规水资源资源化，包括资金投入、优惠政策、成本核算、改革水价等，要研究和出台鼓励非常规水资源利用的优惠政策。在政府负责的基础上，要利用市场机制，拓宽资金来源渠道，引导和动员社会各界积极参与，保障非常规水资源利用相关产业健康稳定发展。

（5）加强部门协作

非常规水资源推广应用涉及部门很多，因此，要从水资源紧缺的现实出发，搞好协调配合，形成工作合力，以提高水资源承载能力为目标，建立部门协作制度，加强协作共同推广应用。可以采取创新"研究共同体"的方式，密切配合，形成合力，建立平台，加强技术交流与合作，共同发展。提升非常规水资源利用的整体发展水平，共同建设资源节约型和环境友好型社会。

4.3　完善我国节水型社会建设技术支撑体系的建议

4.3.1　加大技术研发资金投入

研发节水技术是构建节水型社会技术支撑体系的最根本、最重要的一环，而节水技术研发，一个重要保障就是资金的筹集和投入。资金投入不足会严重阻碍节水技术的进步和节水规划的实现。为此，应积极探索建立多渠道、多元化、多层次的节水资金投入机制，不断加大节水技术研发资金投入。

1. 完善相关法规政策

国家对节水技术研发项目的投融资政策提供不足，缺乏必要的激励手段和政策环境。为此，应完善相关法规政策，建立节水专项财政投入制度，出台节水技术研发激励和补偿政策，加快建立节水技术资金投入保障机制。

2. 加大公共财政投入

当前，国家对节水技术研发投入重视不够，财政投入多直接用于水利工程建设，节水技术研发方面的投入甚微，节水财政投资结构和投资方式均不太合理，使得节水技术缺乏资金支持，发展相对滞后，影响了财政投资作用的最大发挥。为此，应加大公共财政对节水技术研发的投入，将节水技术研发列入国民经济和社会发展规划，逐步提高各级政府预算内节水技术研发投资比重，保障节水技术研发有稳定的投入。

3. 设立节水专项资金

设立节水专项资金，为节水型社会建设提供一条稳定可靠的资金渠道。各级政府应从征收的水资源费、排污费、污水处理费等规费，以及其他财政资金和社会捐助资金中划出部分经费设立节水专项资金，重点支持节水技术研究、技术推广、节水管理及节水设施建设等工作，引导节水技术研发。

4. 鼓励民间资本和国外资本投入

充分利用资本市场，改革节水技术研发投入机制。通过制定优惠政策、措施，鼓励社会民间资本和国外资本参与节水技术研发，拓宽节水技术研发投资渠道。引导企业（单位）增加节水技术研发投入，建立多渠道、多元化的节水投入体系，企业特别是高耗水企业要加大节水技术研发资金投入，鼓励企业引进外资和吸收利用社会资金，加快节水技术研发。

4.3.2　改善技术研发基础设施条件

技术研发基础设施为我国节水技术创新提供了基本平台。当前的节水技术以其高度不定性、快速变化等特点，对我国节水技术研发基础设施提出了挑战，要求我国快速调整公共技术政策思路，构建节水技术研发基础设施，保障节水技术研发，从而完善我国节水型社会建设技术支撑体系。

技术研发基础设施是技术研发者与使用者之间的关系网络，对促进技术研发创新具有重要作用。技术研发基础设施不仅包括技术研发机构、技术推广机构及其服务网络等硬件设施，还包括共性技术、基础技术、技术咨询服务体系，以及鼓励技术创新和推广的各种制度安排等软件内容。

技术研发基础设施提供主体一般是政府，政府通过制定和实施技术基础设施政策主导其发展，直接提供或间接促进技术基础设施建设，为技术创新和推广应用，提供各种软硬件支撑，从而保障企业顺利吸收先进节水技术并逐步提升节水技术自主创新能力。强调政府在技术研发基础设施建设中的主导作用主要源于技术创新市场的缺陷性。由于技术创新市场存在着市场失灵，企业不能充分占有其研究开发收益，导致研究开发投资低于社会期望水平，并造成技术创新体系信息不对称、缺乏网络化和人才流动，降低整个创新体系的绩效。因此，政府必须改善技术研发基础设施条件。

科学技术的飞速发展，提升了知识和技术在经济增长和发展中的重要地位，如今的企业和国家竞争更多体现在技术水平及能力竞争上。能否适应节水技术市场的挑战，从国家战略高度构筑节水技术基础设施，将直接决定着我国节水型社会的建设进程。面对节水技术的挑战，我国应加快调整公共节水技术及节水政策思路，构建节水技术研发基础设施政策框架。为了改善技术研发基础设施条件，应从以下几个方面着手实施。

① 应确立节水技术及其技术研发基础设施的重大战略地位。获取节水技术能力至关重要，它决定了一个企业乃至国家的竞争实力，尤其为发展中国家提供了发展自主节水技术、实现节水技术赶超的机会，而技术研发基础设施为发挥这一后发优势提供了基础支撑和平台。因此，应从国家战略高度确立节水技术及其技术研发基础设施的重要地位，从系统工程角度，完善节水技术创新发展的各种软硬件条件，继续加大投入力度，营造促使节水技术研发和推广的良好环境。

② 以能力导向为政策宗旨，实现能力创造和市场需求相统一。在节水技术条件下，逐

步转变目标导向型技术政策思路，实施能力导向型技术政策。以能力为导向意味着以提高技术创新主体创造和吸收能力为主要政策目标，将能力创造和市场需求紧密结合起来，尽可能消除节水技术不定性和变化性带来的负面影响，增强创新主体的应变能力。为此，政府应营造良好的节水技术创新软硬件环境，整合各种技术资源，促使企业、研究机构的节水技术创新，实现科技研发和推广应用的良性互动，最终保障创新组织乃至整个创新系统技术能力和适应变化能力的增强，全面提高创新系统绩效。

③ 应加强节水技术研发和推广应用的制度建设。在构建节水技术研发基础设施过程中，政府的各项制度保障尤为重要。首先，应加快制定和完善相关法律法规制度，如支持和促进节水技术进步的基础性法律、完善的知识产权制度、对节水技术研发发展方向起指导和调节作用的宏观规划及产业发展计划等，有效支持节水技术创新和节水技术发展，保障节水目标的实现。其次，政府要加强对科技研发和技术产业化的宏观调控，通过财政、金融和投资政策引导并扶持节水技术产业化，从而加快节水型社会的建设进程。

4.3.3　健全技术研发市场导向机制

加快建设节约型社会，必须采取综合措施，建立强有力的技术研发市场导向机制。

1. 加强宏观指导，建立节水新技术与产品推广机制

要选择和形成有利于节约水资源的生产模式和消费模式，建立节水新技术与产品的社会推广机制。采用多种措施，实现产品替代和系统升级，如在节水产品的销售环节，采取强制性节水效率标准和标识制度，达不到标准的节水产品不能在市场销售和使用；对节水产品和技术的采用建立补贴制度等。

2. 依靠科技进步，构建资源节约的技术支撑体系

加大对资源节约和循环利用关键技术的攻关力度。推广应用节约资源的新技术、新工艺、新设备和新材料。大力支持资源节约和发展循环经济的重大项目建设，形成节水新技术产品与设备自主创新与研发的动态改进机制。积极研制、开发节水与水资源保护的新技术、新途径和新产品，如高效节水技术、清洁生产技术、高效低能污染水处理技术、新工业生产工艺等。重点技术研究开发项目应纳入国家重点科学研究计划。成立节水与水资源保护高新技术研究中心，并组织进行学术交流。

3. 推广市场应用，建立节水技术体系和服务体系

依托大专院校、科研院所建立节水技术研发中心，不断培育节水新技术。建立节水推广体系，制订节水推广方案，大力推广节水新技术、新工艺。建立节水技术研发和推广的投融资体系，保证节水技术研发和推广有足够的资金作保障。加强节水技术指导、示范培训，建立健全节水工作社会化服务体系。

4.3.4　加强科技人才队伍建设和储备

科技人才是节水型社会建设的主力军。搞好科技人才队伍建设，既是一项紧迫任务，又是一项复杂的系统工程，要把开发人力资源的潜力与节水型社会建设的发展目标联系起来，更好地发现人才，培养人才，努力造就一支优秀的节水型社会建设科技人才队伍。

1. 完善人才培养机制，大力培养节水科技人才

要建立与高等学校、科研院所相结合的人才培养基地，推进平台、技术、基地和人才的有机结合。要建立单位自主、个人自觉的继续教育机制，结合节水型社会建设发展战略，大力开展节水新理论、新知识、新技术、新方法的专项培训，提高人才跟踪科技发展前沿的水平，增强科技创新能力、自主研发能力和成果转化能力。

2. 创新体制机制，营造有利于优秀人才脱颖而出的良好氛围

人才成长会经历"潜人才"→"显人才"→"领军人才"等基本发展阶段。潜人才阶段的创造性实践至关重要，直接决定了人才成长的可能性和潜力空间。节水型社会建设的人才培养工程，要用科学发展观的眼光，从经济可持续发展的战略高度，为人才队伍建设提供良好的研究环境、充裕的研究时间和配套资金，以及各种深造机会。

人才培养需要时刻注意两点：第一，提高人才的社会保障机制，优化生活环境；第二，优化企业生存环境，让大量人才能够有一个广阔的竞技台，使他们能够充分展示自身才能，能够使"潜人才"在宽松的市场氛围中脱颖而出，成长为"显人才"，或能够进一步成长为"领军人才"。此外，要建立科学的考评体系，更多关注节水型社会建设人才的科研能力、创新思维、团队协作等综合素质，运用科学的人才评价标准和手段及时、准确地发现各类人才。要建立人才资源信息库，优化高层次人才成长的体制环境，按照分类管理的原则，依据其成长、发展规律，细化各类人才在品行、知识、能力和业绩等方面的要求，加快拔尖人才的选拔和培养力度，建立以业绩为重点，由品德、能力、行为、专业、知识、年龄等诸多要素构成的各类高层次人才的推荐责任制、任期目标责任制、考核责任制。

4.3.5　加快技术研发及成果转化

科学技术是顺利开展节水工作、建设节水型社会的重要支撑，加快节水技术的研发及成果转化是实现节水型社会建设的一项重要工作。

1. 加大对节水技术创新工作的资金投入，将节水技术创新项目纳入各类科技计划优先支持范围

拓宽融资渠道，探索建立政府引导、企业带动、社会参与、多方投入的节水科技投入机制，逐步形成稳定的资金来源，利用技术研发资金、科技成果转化资金、科技创新资金和科技风险投资资金，有重点地支持一批节水技术创新项目。

2. 培育节水科技创新示范企业，促进节水技术成果转化

依托循环经济示范区、高新技术产业开发区，培育节水科技创新示范企业，择优扶持节水产品研发生产示范企业、节水技术应用示范企业，建设节水技术研发基地，重点加强节水技术应用转化与工程化开发。引导和鼓励骨干企业、大专院校、科研机构，建立节水技术产、学、研合作机制，大力开展循环经济、节能技术和示范研究，加强技术成果转化，促进先进、实用的节水新设施、新工艺和新技术的应用。

3. 创新和完善科技成果转化体系，提升科技成果转化效果

从创新价值链看，科技成果转化是将有实用价值的科技成果转变成新产品的过程，是科技创新实现社会价值的关键途径，也是提高经济社会效益、促进可持续发展的根本途径。高新节水技术成果转化的成败取决于技术、管理、资金、人才、政策引导等诸多因素，是一个复杂的系统工程，需要创新和完善科技成果转化体系，加大对科技成果转化应用的绩效考核力度，推动科技成果直接进入生产领域，并提升科技成果转化效果。

第 5 章

水资源消耗计量及考核评价体系

　　水资源消耗计量及考核评价体系是节水型社会建设的重要基础工作，客观分析我国水资源消耗计量，考核评价现状及存在的问题，并结合我国水资源消耗计量及考核评价试点经验，分别从农业、工业和居民生活 3 个方面提出完善水资源消耗计量及考核评价体系的建议，对于促进我国节水型社会建设具有重要的意义。

5.1　我国水资源消耗计量及考核评价现状与存在的问题

5.1.1　我国水资源消耗计量及考核评价现状

1. 我国水资源消耗计量及统计管理发展历程

我国水资源消耗计量及统计管理主要经历了 3 个阶段。

（1）无管理状态阶段

在 20 世纪 80 年代以前，由于对水的资源性认识不足，我国取水处于一种无序和无偿使用状态，居民生活用水长期实行按月包费制，企业用水大多取自自备水源，农业用水更谈不上计量，几乎全部实行大水漫灌方式。

（2）管理起步阶段

20 世纪 80 年代后，随着我国《水法》的颁布和节水工作的开展，逐步开始实行计量取水。1988 年颁布的《水法》明确："对城市中直接从地下取水的单位，征收水资源费；其他直接从地下或者江河、湖泊取水的，可以由省、自治区、直辖市人民政府决定征收水资源费。"水资源费的征收在一定程度上推动了取水计量装置工作。20 世纪 90 年代以来，随着我国经济的高速发展、水资源供需矛盾的突出和节水工作的重视，取水计量及统计管理得到进一步加强。1993 年国务院颁布的《取水许可制度实施办法》、1998 年国务院批准的《城市节约用水管理规定》都对取水计量作出相关规定，依法管理水资源、安装计量设施已成为一种法定措施。

（3）强化管理阶段

2002年颁布的新《水法》和2005年颁布的《中国节水技术政策大纲》对取水计量作出进一步明确规定，2006年颁布实施的《取水许可和水资源费征收管理条例》对计量管理再次作出规定，同时，明确了取水户安装计量设施的法律责任。《取水许可和水资源费征收管理条例》的颁布和实施，对取水计量管理起到了强化作用。2010年12月发布的《中共中央国务院关于加快水利改革发展的决定》，提出用水总量控制、用水效率控制、水功能区限制纳污、水资源管理责任和考核"4项制度"，对水资源消耗计量及统计管理提出了更高的要求。划定了用水总量、用水效率和水功能区限制纳污"3条红线"，要求建立和完善用水计量网络，全面、准确地掌握用水户的用水信息，填报用水统计台账，实现全覆盖的计量和统计管理；明确了各级部门管理任务，要求建立覆盖各行业的水资源计量和统计网络，使大部分取水量处于受控范围，从而为最严格的水资源制度考核提供基础数据。

2. 我国水资源消耗计量考核评价现状

（1）水资源消耗计量考核评价制度

《中共中央国务院关于加快水利改革发展的决定》和《关于实行最严格的水资源管理制度的意见》提出，要建立水资源管理责任和考核制度，由县级以上地方政府主要负责人对本行政区域水资源管理和保护工作负总责，由水行政部门会同其他部门对各地区水资源管理状况进行考核，并将考核结果纳入领导干部考核评价体系，将水量水质监测结果作为考核的技术手段。为了进一步落实《中共中央国务院关于加快水利改革发展的决定》和《最严格水资源管理制度意见》，国务院于2013年1月印发《实行最严格水资源管理制度考核办法》，要求省级人民政府结合当地实际，制定本行政区域内实行最严格水资源管理制度的考核办法。

实行最严格水资源管理制度重在落实，建立责任与考核制度是确保最严格水资源管理制度主要目标和各项任务措施落到实处的关键。近年来，各省、市相继出台当地最严格水资源管理制度考核办法。如：2013年6月，浙江省出台《浙江省实行最严格水资源管理制度考核暂行办法》；2013年9月，江苏省政府办公厅印发《关于实行最严格水资源管理制度考核事项的通知》（苏政办发〔2013〕161号）。

（2）水资源计量考核实施主体

由国务院对各省（自治区、直辖市）落实最严格水资源管理制度的情况进行考核，具体由水利部会同国家发改委、工业和信息化部、监察部、财政部、国土资源部、环境保护部、住房和城乡建设部、农业部、审计署、统计局等部门组成的考核工作组负责组织实施；省级政府是实行最严格水资源管理制度的责任主体，其主要负责人对本行政区域水资源管理和保护工作负总责。

（3）水资源计量考核方式方法

国务院《实行最严格水资源管理制度考核办法》明确，考核评定采用评分法，考核结果划分为优秀、良好、合格、不合格4个等次。考核与国民经济和社会发展5年规划相对应，每 5 年为一个考核期，采用年度考核和期末考核相结合的方式。

（4）水资源计量考核结果应用

考核结果与市政府主要负责人的考核评价挂钩，作为各市政府主要负责人和领导班子综合考核评价的重要依据。另外，对考核结果为不合格的市政府，要限期整改。整改期间，相关部门将暂停该地区建设项目新增取水和入河排污口审批，暂停该地区新增主要水污染物排放建设项目环评审批；对整改不到位、违纪违法的，由监察机关依法依纪追究该地区有关责任人员的责任。对考核优秀的市政府，有关部门在相关项目安排上优先予以考虑，对在水资源节约、保护和管理中取得显著成绩的单位和个人，按有关规定给予表彰奖励。

5.1.2　我国水资源消耗计量及考核评价存在的问题

1. 我国水资源消耗计量中存在的问题

我国目前的水资源消耗计量与统计管理还存在着计量基础设施严重滞后、不同行业和地区水资源消耗计量和统计管理发展不平衡、技术标准体系亟待完善、地方法规基础薄弱、管理体制尚未理顺、水质监测内容不全等问题。这些问题导致了部分地区的用水计量和统计覆盖率不高，从而可能会对红线指标的考核带来一定困难。具体如下。

（1）水计量设施安装率低

以丹东市振安区为例，目前全区各类企业及城镇生活自备水源井 124 眼，其中，工业 103 眼，城镇生活 21 眼。全区工业及城镇生活安装超声波（IC）卡流量液水表共 42 块，占水井总数的 34%。

（2）计量设施质量不过关

IC 卡水表碰到雷雨天气损坏严重；计量数字精度不够准确，遇到有变频设备情况下，不走水，计量照样显示；计量设施技术落后，质量粗糙，IC 卡水表安装后经不起高速水流冲出和冬季低气温等因素影响，极易损坏；生产厂家维修不及时、服务质量差等。上述问题给农业、工业取水户带来了诸多问题。

（3）计量方法众多

由于当前用水计量方法较多，采用不同的计量方法所得用水量并不完全一致，而且有些计量方法并不能真实反映实际用水量，比如农业灌溉用水采用耗电量进行推算用水量，造成实际耗水量与计价水量出入较大。

（4）没有建立完善的计量管理机制

计量管理涉及部门较多，包括监督管理部门、用水户、计量设施维修等。目前，大多数管理部门缺乏专门的计量管理法规、规章，在其他水资源相关法规、规章中对计量管理规定少，可操作性差，约束乏力。

（5）存在管理漏洞

在水资源管理整体工作中，没有对计量管理工作进行系统考虑，造成相关审批中的管理漏洞。宣传不到位，用水户不理解，计量设施安装不够及时。

（6）水资源计量考虑不周

水资源计量仅考虑用水计量，而未考虑"排水计量"，尤其是污染较为严重的工业废水排放计量。水资源计量类型根据不同的分类标准可分为不同类型。例如：从水资源用途分，可分为农业用水计量、工业用水计量、生活用水计量；从水资源取水到用户用水终端的用水过程分，可分为取水计量（从江河、湖泊等直接取水）、供水计量（主要是指自来水厂等供水企业对外供水的计量）、用水计量（主要是指用户终端用水量的计量）。尽管这些水资源计量类型不同，但都可归结为用水计量，即对从大自然取水量及消耗量的计量。由于缺乏"排水计量"，也在一定程度上导致水污染事件时常发生。如三友化工污染门事件、广西镉污染事件、江西铜业排污祸及下游等。

目前，我国水资源计量管理体系尚未真正形成，工业污水排放计量尚未开展；行业最高计量标准和具有行业特色的计量检定机构尚未建立，不能满足水利行业量值溯源的需求；现有标准物质种类尚不能覆盖生活饮用水全项检验指标，不能满足农村饮水安全和"纳污红线"考核目标的需要；现场检测仪器、工程安全监测仪器，以及在线和便携式水利计量仪器的计量检定、校准工作还有待深入开展。总之，新的历史发展阶段，对水资源计量工作提出了新的更高要求，迫切需要全面、科学地进行水资源计量规划并落实规划各项工作任务，为建立最严格的水资源管理制度、确保水利工程质量和安全提供计量技术支撑。

2. 我国水资源管理考核评价中存在的问题

国务院《实行最严格水资源管理制度考核办法》要求，省级人民政府应结合当地实际制定本行政区域内实行最严格水资源管理制度的考核办法。这标志着我国水资源管理责任考核制度在形式上的真正建立。在地方层次上，目前一些省（广东、浙江、江苏、河南、吉林）、市、县级政府或其水行政主管部门制定了最严格水资源管理制度考核办法。

我国目前的考核制度中，基本上是政府部门自定考核目标、自评目标落实情况、自定考核结果，缺乏其他能够促进公众参与考核的规定和机制。这表明我国尚没有将公众和利益相关者参与的理念真正贯彻到水资源管理责任考核中。为此，应在最严格水资源管理制度的责任考核制度中，增加有关规定，促进、鼓励和保障公众参与，特别是利益相关者参与。例如：在考核目标确定过程中，应当征询社会公众意见，以确保目标的科学、合理、符合实际，能够解决人民群众的关切问题和事项。又如：在评价目标落实情况和确定考核结果时，一方面，在上级水利行政主管部门联合同级其他部门对下级地方政府负责人进行水资源管理责任考核时，应当充分调查有关行政区域内公众对该地区实施最严格水资源管理情况的意见，并将该意见作为评判标准或参考依据之一；另一方面，应增加一个程序，让人民群众对政府或其部门自评的目标落实情况和考核结果提出建议或意见。这样，既有利于防止弄虚作假，保证客观公正，还有利于提高公众参与的积极性。国务院《实行最严格水资源管理制度考核办法》第 14 条规定："对在考核工作中瞒报、谎报的地区，予以通报批评，对有关责任人员依法依纪追究责任。"对瞒报或谎报行为通报批评、处理有关责任人员并不是目的，而完善的公众参与机制，可以有效地防止瞒报和谎报现象的发生。

5.2　我国用水计量及考核评价试点经验

5.2.1　农业用水计量及考核评价试点经验

为了节约用水，我国政府部门积极推进农业用水计量，引入对水资源的自动化量测、计量收费及合理高效的用水管理系统，并积累了一定的经验。

1. 以试点、示范工程推进

近年来，我国农业虽取得长足发展，但传统农业中的灌溉方式仍然占据很大比例。为了打破农业的传统灌溉方式、农民的传统思维模式，试点、示范必不可少。北京、天津等积极推进农业用水计量试点、示范工程，如：北京通州区水务局在宋庄镇试点安装农业用水智能计量管理系统，通过试运行，证明这种计量方式适用于在北京市目前状况下农业灌溉计量管理的需要。2008 年，又在农灌机井数量比较多的西集镇继续开展试点建设，2 年安装机井计量设备 1 500 余套，涉及村庄 68 个，灌溉面积为 0.67 hm^2。

在 68 个村 3 年试运行的基础上，2010 年总结经验和教训，又于 2011 年 5 月底建成通州区西集镇、宋庄镇等乡镇 80 个村 1 454 眼农业灌溉机井上示范项目。通过培训，灌溉管理员基本掌握了计算机操作技巧，建立了农业节水村级管理平台。

2. 法规政策支持

农业用水计量是一项功在当代、利在千秋的工程，所投入的资金、人力和物力是一般农民承受不起的。为此，中央政府和各级地方政府应在资金、人员培训、设备安装调试等方面采取积极的政策，并通过制定和实施相应法规，明确责任、要求和奖惩力度。

一些地方颁布了节水计量政策，如辽宁省人民政府在 2009 年颁布了《辽宁省用水计量管理办法》，其中第五条规定：用水计量活动应当配备和使用计量器具。取水单位或者个人利用取水工程或者设施直接从江河、湖泊或者地下取用水资源，应当在取水口处安装计量器具。供水单位从事水经营管理活动，应当在用水单位取水口处安装计量器具。排水单位向城市排水管网及其附属设施或者直接向水体排水，应当在排放口处安装计量器具。北京市人民政府于 2012 年 4 月颁布《北京市节约用水办法》，要求用水应当计量、缴费。

3. 技术支撑

由于农业用水计量范围广、数据多、操作复杂，因此，农业用水计量离不开信息技术的支撑，其中，农业用水计量与调度管理信息系统的推广将会发挥积极作用。农业用水计量与调度管理系统主要是针对具有设施农业的地区，为农业用水管理部门提供全面的售水业务处理和优化管理功能。农业用水计量与调度管理系统在强调对 IC 卡式水表农户用水水费收缴功能方便、准确、快捷实现的基础上，又增加了无线抄表功能，为管理部门节省大量的人力和物力，同时，专门的管理人员可通过对用户、温室用水情况分析，充分合理地利用现有管理系统，进行远程用水调度，实现每个温室农作物的充分灌溉。

4. 利益诱导

我国农业发展水平不高，农业占国民生产总值的比例在不断下降，农民通过农业获取的收入在总收入中的比例也在不断下降。如果农业用水计量让农民付出巨大的成本而没有相应收益，农业用水计量将是一句空话。时间和实践已经证明，用水计量将会极大地促进农民自主节水，因为农民灌溉农田用水是按照用水量的多少来收费的，而不是像以前那样只缴纳抽水电费，农民可以通过节约用水量直接减少在农业上的花费，这样，农民在利益的诱导下会更加积极地节水。

5.2.2 工业用水计量及考核评价试点经验

随着我国经济的迅速发展，工业产值的不断增加，用水量也日趋加大。2012 年 10 月，工信部网站发布了《工业和信息化部、水利部、全国节约用水办公室关于深入推进节水型企业建设工作的通知》，提出要全面落实最严格水资源管理制度，以企业为主体，以提高用水效率为核心，在重点用水行业推进节水型企业建设工作。并发布一批节水标杆企业和标杆指标，引导企业加强节水管理和技术进步，加快转变工业用水方式，为建设资源节约型、环境友好型社会奠定基础。

目前，我国已有部分行业、企业进行节水工作，其中，重点节水行业有钢铁、纺织、造纸、食品等。这些行业已开始加快淘汰落后高用水工艺、设备和产品，逐步引进节水设备和技术，并在推行工业用水计量过程中，通过完善水资源计量设施、加强立制考核、总结经验、不断推进，扎实开展节水技改工程建设。

1. 建立和完善水资源计量和监测系统

计量和监测是水资源配置方案操作和评价的必要基础，配置区需尽快建立和完善取用水计量和监测系统。具体包括两大部分内容：一是取用水计量系统，包括各口门、干、支、斗渠取用水计量和机井取用水计量设施；二是水资源监测系统，包括地表水和地下水监测两部分内容，如黑河干流在甘州、临泽和高台 3 县（区）出入境断面的监测。

2. 选取适合的计量装置

用水计量装置主要包括智能电磁流量计、超声波计量计及水表计量装置，不同的装置类型有着各自的优缺点。如智能电磁流量计、超声波计量计的特点是安装方便，精确直观，便于随时监控，但价格较贵，适宜取水量大且有经济实力的取水户；水表计量安装方便，价格低，但容易损坏，不宜管理，适用于取水量较少且便于管理的用户。因此，要因地制宜，根据不同生产活动选型配号，分类实施，充分利用各个计量装置的优点。

3. 建章立制，加强监督考核

取水计量设施安装后，要建立计量设施管理制度、取水统计制度和取水户档案制度，做到严格执法与热情服务并举，装置计量设施与监督考核并重。节水监管部门通过对用水行为和过程进行定性、定量评估论证，并严格执行节水奖励、超计划用水加价的政策。加强对高耗水、高污染行业重点企业的监督和考核，水行政主管部门与技术监督局联合组织的流动检查小组，对企业的取水计量安装情况，进行不定时的抽样检查。通过对用水单位的组织、管理、计量、设施、指标等 5 项内容进行严格考核、评定，对符合条件的进行命名挂牌，对不符合条件的要求限期整改。同时，建立工业节水激励机制，鼓励企业开展节水工作。积极开展水平衡测试，减少"跑、冒、滴、漏"现象，通过加强管理，挖掘节水潜力。

4. 制定水定额管理制度

节水地区要建立起用水定额管理制度，规范用水取水活动。加大对火力发电、石油石化、造纸、化工、食品等高用水行业的节水绩效考核工作，实行以奖代补，鼓励企业开展节水改造计划。2009 年山东省颁布实施《山东省重点工业产品取水定额》，后来又逐步修订和完善了重点工业行业产品用水定额。近年来，山东省先后整顿、关停、淘汰了电力、造纸、冶金、化工、纺织等工业行业取水不符合规定的企业 5 000 多家，重点治理整顿了 3 500 个污染重、耗水高的工业企业，同时，合理调整工业布局，进行产业结构调整与经济发展方式的转变，并重点对重污染、高用水的工业行业节水工作提出对策与措施，工业节水水平显著提高。

5. 制定严格的准入制度

节水监管部门对企业施行取水许可制度和水资源论证制度，制定严格的准入许可，限制一批高排放、高消耗、低效率、产能过剩行业的盲目发展，并杜绝高耗水、高耗能、高污染项目的启动，满足要求的方可投入生产。宁夏回族自治区已发放取水许可证 700 多个，占应发的 85% 以上，并对 20 多个重点建设项目进行了水资源论证，纠正了不合理取水方式，进一步规范了节水工作。

6. 确定试点、总结经验，推进取水计量设施的安装

由于目前国内外取水计量设施的生产厂家很多，每个生产厂家生产的产品种类繁多，同时各地自然条件也存在一定差异，国民经济收入差别较大。为此，必须要有计划、有步骤地开展工作。成立专门的取水计量设施安装服务队、安装技术服务部门、设施维修中心和设施安装、运行情况检查队，明确各部门的业务范围，或委托当地有技术力量的公司，从事当地取水计量设施的安装、技术咨询、维修、检查等方面工作。

5.2.3　生活用水计量及考核评价试点经验

1. 严格实施总量控制和定额管理

总量控制与定额管理相结合是节水型社会建设的重点环节，也是节水型社会建设试点的主要措施。主要包括：① 在开展水资源综合规划编制的基础上，积极探索取水、排污总量控制和初始水权分配的具体方法；② 在当前用水效率评估的基础上，因地制宜地发布用水定额，实施用水定额管理。

2. 实行阶梯式计量水价

阶梯式计量水价就是将水价分为不同的阶梯，在不同的定额范围内，执行不同的价格。用水量在基本定额之内，采用基准水价，如果使用的水超过基本定额，则超出部分采取另一阶梯的水价标准收费。阶梯式计量水价避免了单一计量水价"一刀切"的缺点，通过多阶梯定价，在初级阶段设定较低的水价，保证了广大人民群众的基本生活需要，解决了低收入群体的支付能力问题；阶梯式水价中的高价主要是针对浪费水资源、不注意节水的人群和超额用水、愿意承受高水价的高收入群体。阶梯式计量水价扩大了不同分段的价格差异，采用这种分段定价结构，可以在一定程度上遏制水资源的浪费及不合理的低效利用现象。如果用户消耗水量超过一定的数量，就必须支付高额的边际成本，这种水价属于意愿支付的范围，是消费者偏好的选择结果，如果用户不愿支付高价，就必须节约用水、杜绝浪费。这对于提高居民的节水意识具有重要的促进作用，有利于水资源的节约和充分利用，有利于促进节水技术的开发和应用，最终实现水资源的良性循环和可持续利用。

3. 建立水权分配和流转机制

试点城市积极探索建立合理的水权制度，在初始水权分配的基础上，使得节水户能够将节约的水转让给其他用户并获得收益，通过这种利益的驱动促进水资源从低效益的用途向高效益的用途转移。

4. 健全组织保障

各级人民政府作为生活用水计量及考核管理制度落实的责任主体，建立目标责任制，确保用水计量及考核评价指标的实现。各地成立实施生活用水计量及考核评价管理机构，将涉及部门纳入其中，建立完善的部门间协作机制，落实人员力量，明确责任分工。各级区域以上级政府确定的水资源开发利用控制、用水效率控制和水功能区限制纳污"3条红线"控制指标为依据，按照分解的生活用水计量及考核评价指标，合理确定重点用水监控对象，建立工作制度，完善政策措施，制订具体实施方案，逐级明确责任，层层抓好落实，建立了运转有序、组织有力的组织保障机制。

5. 注重节水信息化建设

一些试点地区借鉴国内外发达城市在节水方面的先进技术和管理经验，加大科技创新力度，借助"数字水务"建设平台，建立水资源、供水、计划用水管理等水资源管理信息系统，编制水资源管理信息化建设实施方案，逐步建成试点区域统一的水资源管理信息自动采集、传输和应用系统，初步实现了水资源管理信息化。

5.3 农业灌溉用水计量管理及考核评价体系

5.3.1 农业灌溉用水计量管理体系

1. 农业灌溉用水计量管理体系现状

农业灌溉用水计量管理体系是一个全新概念，它涉及用水量计量方式、用水量定额、水价计算方式和计费方式等多种管理策略。目前，国内部分省份和地区农业用水已开始实施农业灌溉用水计量管理体系的探索和研究，如河北、天津、新疆等。农业灌溉用水计量模式还处于成长和推广研究阶段。

2. 农业灌溉用水计量管理体系的不足

灌溉用水计量模式涉及多领域协调问题，包括用水计量方式、水价确定、设备采购和维护成本、用水数据上传和保存等。例如，河北省在推广和实践过程中，由于井灌区机井分布分散、数量众多，无论单一采用何种计量模式，均存在一定不足。从实际需求分析，到底采用何种计量手段或组合模式，主要取决于3个因素：一是计量目的，由于国家对农业取用地下水免征水资源费，井灌区实际只征收提水动力费和管理费，因此，井灌区用水计量目的与渠灌区明显不同，即不作为水费征收的判断依据，决定了当前井灌区用水计量对精度、时效性要求可以适当放宽；二是设备购置及运行成本，全省90万眼机井，如全部安装计量设施，即便是最简洁的水表计量，按单井投资350元计算，总投资为3.15亿元，加上后期维护和管理费用，是难以承受的；三是计量观测数据搜集上报的方便程度，随着水资源"3条红线"制度的实施，如何计量汇总广泛分散于农田中的机井取水量，成为制约全省农业灌溉计量和灌溉水利用率指标考核的重要因素。此外，还有用水量定额或水价计算方式的选取和确定等。

3. 完善农业灌溉用水计量管理体系的建议

（1）政府投资为主，村民自筹为辅

推广农业灌溉用水计量管理体系最主要的问题就是成本，在井灌区要给每一眼机井建设设备用房、安全门、计量工具、抽水器械、管道、自动控制装置等基础设施，初步估计每眼井初始投资不少于1万元，除此之外，后期运行维护费用也是一笔不小的费用。这笔投资应由政府和农民共同承担，而且政府应成为主要承担者，农民可适当承担一部分费用。

（2）实施第三方运行维护

推广农业灌溉用水计量管理体系，涉及的设备种类有很多，如水泵、自动控制装置等，这些设备的数量巨大且技术要求高，因此，后期维护应通过招标方式委托给第三方，这样既可保证设备的正常运转，也可降低维护成本。

（3）适度收费

在我国部分农村，特别是利用地下水实行灌溉农田的区域的农民，在主观上认为地下水资源是无偿使用的，因而不会主动节约用水。如果在采用农业灌溉用水计量管理体系时，按照用水多少适度交纳水费，既可弥补运行成本费用，又可督促农民自觉节约用水。

5.3.2 农业灌溉用水计量考核评价体系

1. 农业灌溉用水计量考核评价体系现状

农业灌溉用水计量考核评价体系，是针对农业生产中用水主体，应用各种科学的定性和定量的方法，对农业生产中采用灌溉计量行为的实际效果及对农业节水的贡献或价值进行考核和评价。农业灌溉用水计量考核评价体系也是灌溉用水计量管理的重要内容，更是实现农业灌溉节水的强有力手段。由于我国目前农业灌溉用水计量管理体系还处于推广、研究、试点阶段，只在部分地区进行了试点，考核评价体系主要是参照或套用城镇用水计量考核评价体系，如万元 GDP（农业产值）用水量、每亩耕地的用水量、每亩耕地灌溉用电量、农田灌溉水利用系数等。

2. 农业灌溉用水计量考核评价体系的不足

（1）计量方式多样

机井灌溉计量收费控制箱是农业机井灌溉管理系统中的核心设备，它将机井灌溉控制器、交流接触器及配电设备安装在一个机箱内，可以采集灌溉用电量、用水量或灌溉时间并自动收取灌溉费用。具体计量方式有以下几种。

① 电计量型：按照电量收费，需外接脉冲电表或串口输出的智电能表；可按照电量显示、按照电量充值，也可按照金额显示、按照金额充值。

② 水计量型：按照水量收费，需外接远传水表或流量计；可按照水量显示、按照水量充值，也可按照金额显示、按照金额充值。

③ 时间计量型：按照时间收费，不需外接电表或水表；按照金额显示、按照金额充值。

④ 电水转换型：将电量转换成水量，按照水量收费，需外接电能表。

⑤ 水电计量型：水量和电量同时计量，按照电量（或水量）收费，需外接电能表和远传水表。

灌溉用水量的计量方式多样，带来了灌溉计量考核指标的多样化。若同一个区域出现多种计量方式，不同计量指标之间的比较就出现困难，虽然指标之间可通过一定方式进行转换，但这种转换会出现较大误差。

（2）考核指标水平不够合理

由于不同地区或同一地区不同地方的土壤成分不同，有的是"沙地"，有的是"淤地"，对水分的保持能力差别很大，"沙地"很容易"漏水"，而"淤地"对水分的保持能力强于"沙地"，因而灌溉用水量有很大差别。因此，用同一个评价水平来考核差异很大的不同个体是不合理的。

3. 完善农业灌溉用水计量考核评价体系的建议

（1）统一计量方式

过多的考核计量方式不仅给计量管理工作带来诸多不便（如不同计量指标之间的转换、计算等），而且不同指标间对用水量的计量也存在诸多差异，为此，应统一计量方式。农业灌溉用水计量考核主要是观察用水量，因此，应取消那些用电计量方式、时间计量方式等，这样，就可专注于用水量的考核，使不同地区有可比性。

（2）因地制宜，科学制定考核水平

由于不同地区有不同的天气、土壤条件，对水分的需求或者保持能力差异很大，因此，应因地制宜，不可采用一刀切的统一评价水平，这样才具有科学合理性。

5.4　企事业单位用水计量管理及考核评价体系

5.4.1　企事业单位用水计量管理体系

1. 企事业单位用水计量管理体系现状

（1）工业企业用水计量管理体系现状

① 用水许可管理较严格。水行政管理部门对工业用水的申请、审批和监督管理到位，能够较严格执行建设项目水资源论证制度、取水许可审批制度和水资源有偿使用制度，并在取水工程或设施验收后进行日常监督和定期巡查，各种水表、流量计周期性检定和校准工作水平得到一定程度提高，保证了计量设施的正常运行。

② 用水计量技术普遍提高。工业用水量较大，单纯的水表计量已不能满足工业用水计量。利用计算机技术不但能对工业用水量进行计量，还可对用水单位的用水状况进行远程监测和用水量的远程抄表，方便了自来水公司等单位的管理，并防止了用户偷漏水等现象的发生。目前，规模以上工业企业基本采用计算机技术进行用水计量，计量设备较为完善，有利于水计量工作的开展与维护。

（2）服务业企业用水计量管理体系现状

① 执行用水管理制度。目前，各省市均对酒店、餐饮、洗浴、洗车等行业执行用水管理制度。计量装置安装率也逐年上升，基本形成了完善可靠的用水计量网络。特别地，部分市水行政部门还对酒店的餐饮、办公、客房、洗浴、洗车等做到分表计量，以便对各部门实行用水定额管理。根据经营情况给各部门下达用水定额，每月按抄表计量情况进行核算，对超出定额的部门按经营目标责任书进行考核。

② 实行单独分户计量。河北、山西等地要求，对洗浴场所、桑拿中心等高耗水企业进行单独计量。没有单独计量的，需按要求安装计量水表，并规定凡符合特种用水价格标准的洗浴场所需按特行水价标准收费。对新建的洗浴场，必须单独分户计量，使用节水器具，否则将不允许开业。但是，对于既有洗浴中心进行用水分户计量的改造仍存在一定困难，一些洗浴场所不具备分户计量条件，各项工作仍有待加强。

（3）事业单位用水计量管理体系现状

① 水计量设施安装率普遍提高。自 2002 年新的《水法》颁布实施后，为计量设施安装管理提供了法律依据。事业单位进一步加大了计量设施的安装管理力度，基本保证了取水处必有水表。在可持续发展战略及节水型社会建设的要求下，多个省市相继出台了开展节水型社会建设工作的通知，积极开展建设节水型单位工作，提高了用水计量设施的安装率，特别是高校及事业单位职工浴室，多处采用射频技术电子计量仪器，提高用水计量的准确性。

② 建立计量管理部门。事业单位主要包括医院、学校等，其水资源消耗多为公共用水。医院、学校大都设立了后勤管理部门对其用水计量进行管理，并明确规定了后勤管理工作人

员的职责范围和管理目标。

③ 推行用水定额计量管理。随着节水事业的推行，我国开始推行事业单位用水定额计量管理实施方案，在各省市陆续确定医院、学校等节水试点单位，并进一步确定试点单位及有效控制单位的用水量标准，提高二级单位用水管理意识，形成员工良好的节约风气，共建节约型校园的目标。

2. 企事业单位用水计量管理体系的不足

（1）工业企业用水计量管理体系的不足

① 计量器具检查力度不够。企业使用的水表未经强检就安装使用和超期使用的现象较为普遍。工业用水表要定期鉴定，检定周期不得超过 2 年，到期必须更换。工业企业存在未经鉴定便安装的用水计量器具，相当一部分计量器具超期使用，使用期限最长的达 10 多年。计量不准导致水量估算，这对供水企业也是个不小的经济损失，并导致一些纠纷。

② 企业内部管理未理顺。企业内部职能部门岗位职责不明确，存在相互推诿、规避责任的现象；计量器具检查和计量工作较散漫，没有一个明确的检查周期；计量数据随意放置，未设有专门的档案柜进行管理，并且计量档案设计简单、不规范，不能提供充足的信息以供后续分析。

（2）服务业企业用水计量管理体系的不足

从总体情况来看，服务业计量水平参差不齐。在餐饮、娱乐、休闲等综合性经营的宾馆酒店中，计量工作相对比较规范，而在大量专门从事餐饮的中小型饭店，不规范情况较多，除前述问题外，还有计量管理人员配备不到位，从业人员频繁更换，导致计量工作变动大，给长效监督带来难度。服务业企业员工普遍缺乏计量法制观念，计量管理意识淡薄。使用未经检定或者超过检定周期计量器具，使用非法定计量单位较为普遍。

（3）事业单位用水计量管理体系的不足

① 用水计量管理较为粗放。医院、学校虽都设立了相应的管理部门对其单位用水进行统一管理，但事业单位普遍存在层级多，责任设置重叠的现象，员工相互推诿，导致工作不能落到实处，用水计量管理并不如人意，甚至还存在"空设其岗、虚有其职"的现象，并无真正意义上的管理，管理体制的缺失严重阻碍了用水计量工作的开展。

② 计量器具管理不完善。事业单位用水计量器具用量大，使用范围广，特别是医院、学校，由于管理力度的不足，安装、维修不及时，造成水计量设施运行不正常、用水量不准确，在水计量设施上作弊等问题时有发生，特别是目前常用的水表、分流表，由于构造简单，拆装容易，甚至存在故意损坏水计量设施等违法行为，给水计量设施的管理带来许多困难。

3. 完善企事业单位用水计量管理体系的建议

（1）完善工业企业用水计量管理体系的建议

① 加强计量器具的强检更换。由于水表计量的准确性有一定的工作时间限度和计量范围限制，因此，水表经过一定工作时间后应及时更换，超过一定计量范围也应及时进行更

换，才能保证计量有准确的结果。

② 建立健全水资源管理制度。企业需要根据实际建立地表水、地下水管理制度。通过使用取水许可证、计量设施、用水台账及地表水使用牌等工具对水资源进行规范管理。同时，除水行政主管部门对取水口进行定期检查外，企业内部需加大检查力度，规定取水口至少每周巡查一次，对计量设施进行抄表，并记录备案。在取水口巡查中，必须责任到人，对已安装好的计量设施有专人每月抄表 3 次，并检查计量设施运行情况，及时总结汇报。

③ 建立完善的计量管理档案。企业应建立由专人负责的计量标准档案，其内容包括：计量装置及配套设备明细、使用保管人姓名、检定记录、维修记录、计量装置设计、安装技术图纸及资料、计量仪表历次检定证书、计量仪表使用说明书等。计量标准档案的建立，可充分保证计量仪表的数据准确、可靠，同时又为正常计量收费提供有效依据，也可避免因计量技术问题而产生的计量纠纷。

（2）完善服务业企业用水计量管理体系的建议

① 加强员工用水管理。节约用水，加强各部门、各区域节水意识，在相关区域分别安装水表计量，制定月用水指标，通过奖惩、考核办法杜绝水资源浪费，提高员工用水计量意识。此外，在节水方面需加大力度，日常工作中加强对各区域水龙头的检查，严防跑、冒、滴、漏现象出现，及时更新维修，定期派专人对水表用水量进行查抄记录，并对各个部门用水进行定额定量控制。

② 完善用水计量标准。根据服务业特点，建立《水表管理规定》《流量计管理规定》《计量器具管理办法》。从计量器具入库检验、流转直至报废，在各项制度中应有明确规定，并建立计量标准器技术档案，按照《计量标准考核规范》对计量标准器进行管理。

③ 设立计量管理岗位。建立计量人员岗位责任制等管理制度，并监督执行。计量管理人员专门负责宣贯计量管理工作相关的法规政策，制定相应管理政策，完善企业节水计量管理，并编制用水计量计划，对用水目标、计量装置及计量数据进行规范管理。

（3）完善事业单位用水计量管理体系的建议

① 进一步细化职能部门职责。事业单位应设立专门的计量管理监督部门，由主管技术的负责人直接领导。凡是有关计量工作的重大问题经主管领导决策后计量管理部门监督执行。计量管理部门配备专职计量管理人员，负责宣传贯彻执行国家有关计量工作的法律、法规及政策，制定相应的实施办法。编制计量工作发展规划，负责计量考核和主要计量器具的选型工作。

② 完善计量器具管理。凡是属于医院、学校管辖范围内的用水部门应在每一个售水处安装水计量表（包括职工、学生宿舍），每一个水计量表作为一个计费单位，计量装置及附件的技术参数确定、购置、安装、移动、更换、校检、拆除、加封、启封及接线等均由后勤管理部门负责，医院、学校用户要配合安装工作，提供工作上的方便。若有临时用水的用户，需先向后勤管理部门提出申请，经同意后方能准许，并应安装计量装置，安装费用由使用单位支付。对未安装计量装置者，由后勤管理部门按水管管径计算流量和单价收取水费。

③ 加强后勤服务管理工作。后勤管理部门应认真做好二级计量表计及供水设施管理工作，保证二级水电计量表计完好。要建立抄表、审核、收费工作的规范程序和考核制度，做好业务培训，不断提高水电管理工作人员的思想素质和业务技能，增强服务意识。

5.4.2 企事业单位用水计量考核评价体系

1. 企事业单位用水计量考核评价体系现状

（1）工业企业用水计量考核评价体系现状

2009 年，我国标准化管理委员会发布的《用水单位水计量器具配备和管理通则》明确规定了计量器具的配备和使用，并提出了针对不同行业的用水计量设施管理方法。2013 年，浙江省发布了水资源管理考核指标体系，其中对工业用水的考核指标主要有：工业用水量、万元工业增加值用水量、规模以上工业用水重复利用率；并新增计量抽检合格率，以此反映用水计量的整体水平。

我国规模以上工业企业基本设有内部用水计量考核体系，主要对部门、厂区、车间及职工宿舍进行考核。通过对企业内生产生活用水量情况进行实地了解和分析后，制定出有效计量管理措施，在各用水点安装计量装置，完善厂内生活生产用水计量图，根据每月计量点反映出来的用水量制定各用水点的最高用水量并纳入各单位经济责任考核，超过部分在当月责任制考核中等额扣减工资，有效地促进了节能降耗工作的开展。

（2）服务业企业用水计量考核评价体系现状

2012 年，国家发展改革委员会印发《国家节水型城市申报与考核办法》和《国家节水型城市考核标准》，明确规定了洗浴、洗车、水上娱乐场、高尔夫球场、滑雪场等特种行业的用水量考核指标，给出了相应计算公式。针对酒店、饭店等餐饮行业制定了有关用水计量考核评价制度，如《酒店节能降耗考核及奖惩制度》、《饭店绿色管理制度》，其中规定了各种能耗计划考核指标，并要求相关部门计算出用水成本和费用情况，作为用水计量考核的一部分上报主管部门。

（3）事业单位用水计量考核评价体系现状

医院、学校是用水计量考核评价的重点。为了贯彻执行《关于加强国家机关办公建筑和大型公共建筑节能管理的实施意见》及《关于推进高等学校节约型校园建设进一步加强高等学校节能节水工作的意见》，我国大部分医院、高校都建有水电管理中心或后勤部门，专门对用水用电进行管理。医院、学校用水计量考核较为简单，计量指标较少，执行较为容易，主要包括工作用水量和生活用水量。生活用水量主要指员工宿舍，学生宿舍及食堂、洗浴用水。由于节水工作的推进，目前医院、学校已陆续开始使用计算机计量技术，对各个取水口安装电子仪器，提高了计量工作的准确性，并在员工、学生宿舍安装水表，制定用水额度，定期开展节能活动，根据计量结果评选节能宿舍，实行奖惩机制，有效开展用水计量考核评价工作。

2. 企事业单位用水计量考核评价体系的不足

（1）工业企业用水计量考核评价体系的不足

工业企业用水计量考核缺少统一的行业用水计量考核指标。反映工业用水效率的指标，主要是万元工业增加值用水量、工业用水重复利用率、单位产品取水量等。显然，万元工业增加值用水量更能够综合、全面地反映工业用水消耗量与产出的比率关系。但由于行业用水计量考核体系的不统一，考核主体与对象范围不准确，考核结果不能客观、全面地反映被考核区域工业用水效率的实际状况，不利于明晰地方水行政主管部门的管理责任，不能做到目标明确，有机衔接。此外，大多规模以下工业企业无用水计量考核体系，甚至一些小型生产企业还存在没有安装取水计量设施及安装取水计量设施不按水表计量的现象，体系缺失和管理疏漏给用水计量考核工作带来一定难度。

（2）服务业企业用水计量考核评价体系的不足

酒店、饭店、洗车、洗浴等行业由于发展较晚，企业用水管理体系不完善，并没有统一的用水计量考核评价体系。部分规模较大的企业虽有企业内部用水计量考核体系，但仅限表层，考核主体和对象范围不明确，计量指标与方法不完善，没有专门的考核程序和考核周期；在用水计量考核评价方面，企业只是空有规定，并不能切实执行，用水计量考核评价规定也未能起到相应作用，节水计量考核评价工作难以开展。

（3）事业单位用水计量考核评价体系的不足

由于医院、学校分布在城市各地，数量多、范围广的特点也造成了用水计量考核评价工作难有一个统一标准。目前，医院、学校的考核评价工作不规范，缺乏系统的工作安排和执行程序。此外，医院、学校人员较多，取水口数量大，计量工作较为烦琐，缺乏专业的计量工作人员制订计量工作计划，从而造成用水计量指标制定和岗位配置不合理的现象。

3. 完善企事业单位用水计量考核评价体系的建议

（1）工业企业单位用水计量考核评价体系的建议

① 明确实施主体。实施主体分为两部分：一是省、县（市）、区水行政主管部门，负责该行政区域节约用水的统一监督管理工作。节水管理部门应根据年度用水计划、相关行业用水定额和用水单位的生活、生产经营需要，制订用水单位的用水计划，并定期对用水单位进行考核；二是企业内部设定的节水管理机构，负责本单位节水工作，根据年度用水计划对各部门制定额定用水量，并定期对各个部门及职工宿舍进行考核，实现企业内部用水量的控制。实施主体负责制定考核的指标体系、方式、程序及相应规则，及时对考核结果进行审查、汇总，并将结果纳入每年节水检查考评结果。

② 确定考核对象。考核对象是从事生产制造的企业，如火电、造纸、水泥、石化、冶金等生产型企业。水行政部门应根据审定的各省市工作方案，按照相应考核评价办法，对各地方生产型企业在节水管理工作过程中工作量完成进度和节水目标完成情况进行考核，企业内部节水管理机构应对各部门、车间、职工宿舍及公共卫生场所进行考核，并纳入员工绩效考核。

③ 完善考核指标。考核指标是生产型企业节水考核体系的核心内容。生产企业用水计量考核指标应包括 3 个方面，即综合节水指标、节水管理指标、节水技术指标。综合节水指标主要包括万元增加值取水量、万元产值取水量、污水处理达标率、计划用水实施率，加工单位产品废水排放量、水表安装运行率，加工单位产品用水量、节水机构与人员配置情况等。节水管理指标包括节水方针、目标与指标、节水制度建设与执行、节水计划与实施、节水管理专项资金、节水培训与宣传力度、节水信息化管理水平。节水技术指标包括用水重复利用率、污水处理投资率、万元增加产值年节水投资等。

④ 制定考核程序。首先应确定考核对象，并组建考核专家组，主要是地方水行政部门、企业节水办相关工作人员，建立相应考核指标体系，然后采取专家评价和行政管理评价考核相结合、定期考核与抽查考核相结合的方式进行考核，最后由实施主体对考核结果进行审查、汇总，并作为节水检查的重要依据。

（2）服务业企业单位用水计量考核评价体系的建议

① 明确实施主体。实施主体分为两部分：一是省、县（市）、区水行政主管部门，负责该行政区域节约用水的统一监督管理工作。节水管理部门应当根据年度用水计划、相关行业用水定额和用水单位的生活、生产经营需要，核定用水单位的用水计划，并定期对用水单位进行考核；二是企业内部设定的节水管理机构，负责全单位的节水工作，根据年度用水计划对各部门制定额定用水量，并定期对各个部门进行考核，实现单位内部用水量的控制。实施主体负责制定考核的指标体系、方式、程序及相应规则，及时对考核结果进行审查、汇总，并将结果纳入每年节水检查考评结果。

② 确定考核对象。考核对象主要是餐饮业、旅店业等服务型企业。对于省级、城市级地方政府有关部门，建设主管部门将根据审定的各省市工作方案，按照相应的考核评价办法，对各地方在餐饮、旅店、商场等节能管理工作过程中工作量完成进度和节能量目标完成情况进行考核；各地方人民政府将餐饮、旅店、商场等节能目标及任务落实到各级管理机构及人员工作绩效考核，并纳入本地 GDP 降耗考核目标体系。此外，各地方人民政府也要对本地区餐饮、旅店、商场等业主进行考核。

③ 完善考核指标。考核指标是大型公共建筑节能考核体系的核心内容。应根据不同考核对象，设定不同考核指标，可从综合、技术、管理 3 个角度进行指标构建。其中，综合类指标包括供水管渗透率、节水器具普及率、用水浪费率等；技术类指标包括污水收集处理率、污水处理达标率、污水回用率等；管理类指标包括计划用水实施率、水表安装运行率、节水宣传力度等。

④ 制定考核程序。首先应确定考核对象，并组建考核专家组，建立相应的考核指标体系，然后采取专家评价和行政管理评价考核相结合、定期考核与抽查考核相结合的方式进行考核，最后由实施主体对考核结果进行审查、汇总，并作为本地区 GDP 降耗考核及节水检查的重要依据。

（3）事业单位用水计量考核评价体系的建议

① 明确实施主体。实施主体分为两部分：一是省、县（市）、区水行政主管部门，负责

行政区域节约用水的统一监督管理工作。节水管理部门应当根据年度用水计划、相关行业用水定额和用水单位的生活、生产经营需要，核定用水单位的用水计划，并定期对用水单位进行考核；二是单位内部设定的节水管理机构，负责全单位的节水工作，根据年度用水计划对各部门制定额定用水量，并定期对各个部门进行考核，实现单位内部用水量的控制。实施主体负责制定考核的指标体系、方式、程序及相应规则，及时对考核结果进行审查、汇总，并将结果纳入每年节水检查考评结果。

② 确定考核对象。考核对象是从事社会公益服务业务的非营利社会团体、组织，包括增进社会福利，满足社会文化、教育、科学、卫生等方面的单位团体，各省级、市级地方政府有关部门，主要是学校、医院等用水量大的事业单位。对于考核对象，建设主管部门将根据审定工作方案，按照相应考核评价办法，对各地方的校园、医院等用水量大的事业单位节能管理工作过程中工作量完成进度和节能量目标完成情况进行考核，并将节能目标及任务落实到各级管理机构及人员工作绩效考核，纳入本地 GDP 降耗考核目标体系。

③ 完善考核指标。考核指标是事业单位用水计量考核体系的核心内容。应根据不同考核对象，设定不同考核指标。可包括耗水率、中水利用率、雨水利用率、景观用水率、节水普及率、人均污水排放量等指标。

④ 制定考核程序。首先应确定考核对象，并组建考核专家组，主要包括后勤部门、财务部门相关工作人员，建立相应考核指标体系，然后采取定期考核与抽查考核相结合的方式进行考核，最后由实施主体对考核结果进行审查、汇总，并作为节水检查的重要依据。

5.5　居民生活用水计量管理及考核评价体系

5.5.1　居民生活用水计量管理体系

用水计量管理通过行政、法律和技术手段与措施，来规范用水户计量行为，保证计量实施与准确计量，为水资源管理提供原始用水数据，是水资源管理的基础和重要组成部分。用水计量管理对于实现水资源合理配置和水资源供需平衡，进而更高层次维护水环境和生态环境平衡，以水资源可持续利用保障社会经济可持续发展具有重要的意义。

1. 居民生活用水计量管理体系现状

长期以来，由于受经济条件、发展水平和思想意识的限制，我国用水计量管理工作进展缓慢。在 20 世纪 80 年代前，居民生活用水实行按月包费制，造成水资源的严重浪费。进入 80 年代以后，随着我国节水工作的开展，国务院开始认识到用水计量管理的重要性，陆续出台了一些居民生活用水计量法规政策。1984 年，《国务院关于大力开展城市节约用水的通知》规定：在 1985 年底之前，大中城市要彻底取消生活用水"包费制"，实行装表计量，按量收费。新建住宅要一户一表，旧有住宅要根据旧有用水设施条件，因地制宜按楼门、按宅院或按户装表。这是我国首次以行政法规形式规定生活用水要安装计量设施，计量取水，按量收费。1988年，原建设部出台的《城市节约用水管理规定》提出：城市实行计划用水和节约用水，超计划用水必须缴纳超计划用水加价水费，生活用水按户计量收费。新建住宅应当安装分户计量水表；现有住户未装分户计量水表的，应当限期安装。拒不安装生活用水分户计量水表的，城市建设行政主管部门应当责令其限期安装；逾期仍不安装的，由城市建设行政主管部门限制其用水量，可以并处罚款。2002年颁布的新《水法》第四十九条明确规定：用水应当计量，并按照批准的用水计划用水。用水实行计量收费和超定额累进加价制度。水资源费的征收在一定程度上推动了用水计量管理工作。

虽然我国在制度上提出并不断强调用水计量管理，但是在用水计量管理组织和管理技术方面，重视不够，没有建立起完善的计量管理机制。目前，我国还没有设立专门的用水计量管理组织机构，居民用水计量管理工作开展的深度和广度不够，管理技术也相对滞后。

2. 居民生活用水计量管理体系的不足

我国居民生活用水计量管理体系的不足主要体现在以下几个方面。

（1）缺乏专门的居民用水计量管理法律法规

居民用水计量管理涉及部门较多，包括监督管理部门、用水户、计量设施维修等，但是，现在我国还没有专门的居民用水计量管理法规、规章，在其他水资源相关法规、规章中对计量管理规定少，可操作性差，约束乏力。

（2）居民用水计量设施管理不到位

首先，居民用水计量设施安装率低，尤其是在农村，居民都是利用自家的水井直接取用地下水，用水也不收费，大部分农村地区还没有推行安装用水计量设施，在城市也还没有真正实现居民用水计量的一户一表。其次，计量水表质量不过关，大部分水表因精度不准、破坏和丢失等因素被废弃。再次，水表超年限超负荷工作。水表、气表等民用计量设备都有一定的使用寿命和计量负荷限定，根据《中华人民共和国强制检定的工作计量器具明细目录》规定：用于贸易结算的水表实行强制检定；同时根据《强制检定的工作计量器具实施检定的有关规定》规定：用于贸易结算的水表只作首次强制检定，但要实施周期检定，口径为15～25 mm的水表使用期限不得超过6年，口径25～50 mm的水表使用期限不得超过4年，到期轮换。但是，很多居民的水表从建筑物竣工入住开始，就从来没有进行过定期的检验和更换，一些房龄超过十几年甚至几十年的老建筑中所安装的水表有些从来没有更换过，老、旧、坏水表未进行淘汰，致使这类水表的计量能力随着年限的增长而不断丧失，水表灵敏度下降，甚至停止计量等。

（3）居民用水计量管理组织不健全

我国没有专门居民用水计量管理组织机构，在水资源管理整体工作中，相关部门没有对居民用水计量管理工作进行"一盘棋"考虑，没有对水资源使用监管方面辅以有效的治理措施，供水部门、技术部门、用户对水表等计量设备的安装、维护、抽查、检测没有做到位，居民水表的使用定期淘汰制度也没有落到实处，对于新开工建设或者改建的房屋水表和管线安装情况没有做到有效的监督，导致居民用水计量管理存在可预见的混乱。

3. 完善居民生活用水计量管理体系建议

（1）建立居民生活用水计量管理制度体系

建章立制，狠抓落实，全方位、深层次推动居民用水计量管理工作的开展。建立健全监督检查制度，强化居民用水计量监督检查管理；积极制定以居民用水计量管理为主要内容的法律法规，包括水管理部门监督管理，用水户计量建设、服务维修；用水户要建立用水台账和用水报告制度，专人负责观察计量设施和记录原始用水数据，定时向水管理部门报告；建立计量设施管理制度，完善水表服务机制；出台居民用水计量管理考核评价制度，将考核结果纳入相关主管部门的绩效考评。

（2）完善居民生活用水计量组织管理体系

各级水资源管理部门要切实提高对居民用水计量管理的重要性和必要性的认识，要把居民用水计量管理放在推动水资源管理发展的战略高度来认识，把它作为推动取水许可监督管理、节约用水、计划用水、水资源收费、用水统计等工作的重要措施来抓。与此同时，成立计量管理领导小组，安排专职人员负责居民用水计量管理工作，加强用水计量宣传力度，营造全民积极参与、人人行动的良好氛围，切实提高居民用水计量管理的自觉性和主动性。

（3）加强居民生活用水计量设施管理

首先，要加大居民用水计量设施安装力度，确保一户（井）一表，计量设施完善，对拒不安装或安装不到位的，依据有关法律、法规严肃处理；其次，强化用水计量设施管理和检查工作，坚持日常巡查与定期检查，发现问题，及时维护和更换。可以成立专门的取水计量设施安装服务队，安装技术服务部门，设施维修中心和设施安装、运行情况检查队，明确各部门的业务范围；或委托当地比较有技术力量的公司，从事当地的取水计量设施的安装、技术咨询、维修、检查等方面的工作。最后，研究解决设备技术问题。设置专项研究经费，委托专业科研机构，开发研究先进、高效、适用的居民用水计量设施，尤其是农村生活水井的取水计量设备，着力解决当前部分水表安装不规范、计量不精确、运行不稳定和使用期限短等问题。

（4）转变观念，扶持市场，进一步强化计量生产企业的服务意识，促使建立起办事高效、服务周到的维修服务体系

在计量设施市场不发育的情况下，要彻底改变以往监督管理部门直接服务用水户的陈旧观念，重点在监督管理计量企业服务与扶持市场上做文章，积极引导并大力扶持计量市场，提供优惠政策，特别是要以激励机制和法规规章的形式增强企业服务功能。目前造成计量市场落后的主要原因有：计量设施开发技术落后，生产质量粗糙，不能适应用水户的要求；开发商对于安装计量设施的强制性法律规章少、市场前景暗淡的情况，不看好计量设施生产投资；水资源管理部门对计量管理认识不全，重视不够，影响了计量强制性措施的出台。针对这一情况，水管理部门要制定强制性、可操作的安装计量设施规章；投资开发研究计量设施关键技术；积极与税务总局联合出台对计量生产的企业实行减免税款的激励机制，盘活与带

动计量市场；要对质量过关特别是售后服务可靠的生产企业优先进入市场，并给予一定的优惠政策。逐步建立以计量生产企业为主体的计量服务体系，形成开发、生产、销售、服务一体化运作模式，既可以促进企业的自身发展，又可以减轻水资源管理部门和用水户作为维修部门所增加的工作量和资金负担。

5.5.2 居民生活用水计量考核评价体系

居民生活用水计量考核评价是水资源计量管理中重要的一部分，通过考核评价，一方面可全面掌握居民生活用水计量工作的情况，另一方面也可找出居民生活用水计量工作的不足，为进一步提高用水计量工作提供参考。

1. 居民生活用水计量考核评价体系现状

自从我国开始实行用水计量制度，国家就高度重视用水计量考核评价工作，近年来，更是频繁出台相关政策，强调加强用水计量的考核评价。2010年12月，中共中央国务院发布《关于加快水利改革发展的决定》，提出建立水资源管理责任和考核制度。县级以上地方政府主要负责人对本行政区域水资源管理和保护工作负总责。严格实施水资源管理考核制度，水行政主管部门会同有关部门，对各地区水资源开发利用、节约保护主要指标的落实情况进行考核，考核结果交由干部主管部门，作为地方政府相关领导干部综合考核评价的重要依据。2012年1月，国务院发布《国务院关于实行最严格水资源管理制度的意见》（国发〔2012〕3号），强调建立水资源管理责任和考核制度。要将水资源开发、利用、节约和保护的主要指标纳入地方经济社会发展综合评价体系，县级以上地方人民政府主要负责人对本行政区域水资源管理和保护工作负总责。国务院对各省、自治区、直辖市的主要指标落实情况进行考核，水利部会同有关部门具体组织实施，考核结果交由干部主管部门，作为地方人民政府相关领导干部和相关企业负责人综合考核评价的重要依据。2013年1月，为推进实行最严格水资源管理制度，确保实现水资源开发利用和节约保护的主要目标，国务院办公厅发布《国务院办公厅关于印发实行最严格水资源管理制度考核办法的通知》，再次强调国务院要对各省、自治区、直辖市落实最严格水资源管理制度情况进行考核。

虽然国家频繁出台政策法规，高度重视水资源管理和考核工作，但在组织机构上，没有具体相关部门负责落实考核评价工作；在考核评价体系上，截至目前，国家还没有出台系统完整的居民生活用水计量考核评价体系，大多数地方的居民生活用水计量考核评价也还处于空白状态，只有少数地方政府在节水型社会建设和水资源管理过程中，探索建立了自己的计量考核评价体系雏形。例如：

山西省的居民生活用水计量考核指标主要采用人均日用新水量[L/（人·d）]，并根据楼房、平房、有无上下水及洗浴装置、热水供应等不同的居住条件规定各不相同的用水标准；

云南省从管理机构、制度建设、公共用水管理、报修检漏、节水宣传、人均综合生活用水量、人均居民生活用水量、管网漏损率、节水型器具普及率等方面构建了一套居民生活用水效率考核指标体系；

天津市发布实施了《天津市节水型居民生活小区标准》（DB12/T 274—2006）用于规范和指导天津市行政区域内，城镇居民生活小区节约用水工作的管理和考核。

2. 居民生活用水计量考核评价体系的不足

我国居民生活用水计量考核评价体系的不足，主要体现在以下几个方面：虽然国家出台了一些政策，但只是要求建立和实行用水计量考核评价，考核评价具体工作无章可循；尚未建立专门的考核评价组织机构，各有关主体对计量考核评价工作的执行力度不够；缺乏系统完整的居民生活用水计量考核评价指标体系，虽然有些地方探索建立了自己的评价指标体系，但有些计量考核评价指标的可操作性不强；考核评价的工作程序不规范；考核评价结果运用不到位，只是为了评价而评价，没有对考核评价结果进行认真分析，找到进一步推进优化居民用水计量工作的措施建议。

3. 完善居民生活用水计量考核评价体系的建议

首先，应构建一套科学合理的居民生活用水计量考核评价指标体系，用来指导全国范围内居民生活用水计量考核评价工作。在选择指标时，应尽量科学全面，以可能少的指标，涵盖居民生活用水计量考核评价的各个方面；指标应相对独立，每个指标均反映一个侧面情况，指标之间相关小；指标要具有可比性，便于横向比较和纵向研究分析。

其次，要健全居民生活用水计量考核评价工作实施监管体系。充分发挥各职能部门作用，探索构建由组织考评部门整体监控、相关职能职责部门日常监控、考核评价对象自我监控构成的多个层面监控体系，形成立体式考核评价监控工作格局。建立考核评价工作定期报告制度、考评结果公示制度和责任追究制度等，逐步推动居民生活用水计量考核评价工作走上制度化、规范化、程序化轨道。

最后，要完善居民生活用水计量考核评价结果运用机制。可将考核结果作为实施节水补助、奖励政策和地方人民政府相关领导干部综合考核评价的重要依据，以充分发挥考核评价的激励作用，促进居民生活用水计量考核评价工作的开展。

第 6 章

节水型社会建设模式

节水型社会建设是一个系统工程，需要通过节水型社区、节水型企业、节水型校园、节水型城市等不同载体的建设来加以实现。面临日益短缺的水资源，世界各国纷纷加入节水型社会建设行列，在节水型社会建设实践中，逐步形成了适合各自国情的一系列节水措施。我国历经 10 多年的探索和实践，涌现出不少成功案例，积累了不少经验。

6.1 我国节水型社会建设模式及存在的问题

6.1.1 我国节水型社会建设模式

基于我国节水发展现状和社会经济水平，不同地区节水型社会建设应采取不同的模式。

1. 华北资源、水质型缺水区

该地区人均水资源量约 550 m^3，水资源利用率达到 64%、人均供水量小于 500 m^3，地下水严重超采，城市供水十分紧张。由于水资源过度开发，大量侵占河道生态环境用水，大量污废水直接排入河道，形成"有河皆干、有水皆污"的状况。以黄河下游、淮河、海河三流域尤为突出。考虑经济社会可持续发展的需要，人均供水量应由现状的 310 m^3 增加到 350 m^3，该地区"水资源赤字"严重，水资源承载能力提高有限，需要从外区调水。为此，该地区节水措施的发展方向如下。

① 强化对地表、地下水取水和排污管理，将排污与水权的申请和使用联系起来。在用水户申请水权的同时，必须对相应废水排放和处理作出承诺，遵守污染物总量排放的限制，负责废水处理费用。

② 合理利用当地径流、洪水径流，实行井、渠结合，科学配置和调度地面水和地下水源，开发利用微咸水源。

③ 加紧灌区节水技术改造。推广节水灌溉制度，改善田间工程，改进地面灌水技术，发展管道输水和管道灌溉，提高灌区管理水平。

④ 加快农业经济结构调整。减少高耗水作物，发展经济作物，提高灌溉水的生产率，城市郊区、高效作物区发展喷、微、滴灌技术。

⑤ 重视城市水源建设和供水管网改造，积极发展调水工程，增加城市供水量。

⑥ 严格控制城市污废水排放，增加污水处理和利用。

2. 西北管理、生态环境型缺水区

该地区人均水资源量大于 1 000 m³，水资源利用率大于 40%、人均供水量为 400～2 400 m³，差异很大，与人工绿洲用水密切相关；该地区降雨小，不少地区小于 300 mm，自然生态十分脆弱，靠保持一定的地下水位维持。河流上中游水资源无序和过度开发，导致下游河道和自然生态环境日趋恶化。以南疆塔里木河、甘肃石羊河、黑河流域最为突出。该地区节水措施的发展方向如下。

① 建立流域水量分配协商制度，运用水权申请的方式限制用水总量的增长，鼓励多余水量在地区间交易，运用实际用水量小于额定值就给予适当奖励或减免部分水费等灵活方式来鼓励节水。

② 适当建设上游蓄水工程，合理配置流域水资源，合理开发地下水源。据分析，人均供水量控制在 2 000～2 500 m³，可以保证该地区经济社会可持续发展。

③ 维持必要的河道生态用水，保持适宜的地下水位，恢复、发展流域生态环境。

④ 加紧灌区的节水技术改造，调整河道取水口，改建平行取水河渠，骨干渠道防渗，撤销平原水库，推广节水灌溉制度，改善田间工程，改进地面灌水技术，发展膜上灌溉、管道输水和管道灌溉，改良盐碱地，提高灌区管理水平。

⑤ 调整农业结构，适当发展畜牧业。

⑥ 高效农田适当发展微喷灌、滴灌技术。

3. 东北工程、管理型缺水区

该地区人均水资源量为 880～2 000 m³，水资源利用率约 40%、人均供水量为 350～800 m³。该地区社会经济发展与水资源承载能力基本匹配，仅辽河中下游水资源特别紧张。总体上开发工程比较薄弱，工程现状较差，流域水土资源开发比较混乱，对湿地环境保护重视不够，种植结构尚需着力调整。该地区节水措施的发展方向如下。

① 加强用水量预测工作，制定长期水资源开发、水利设施改造、产业布局调整计划，以防止、推迟或缓解将来可能出现的水危机。

② 加紧灌区的节水技术改造，骨干渠道的改建和防渗，推广节水灌溉制度，进行田块整理，改善田间工程，改进地面灌水技术，发展管道输水和管道灌溉，提高灌区管理水平。研究和推广供水工程的防冻技术，宽浅骨干渠道的改建和防渗断面形式。

③ 合理利用当地径流，适当开源，合理配置流域水土资源，量水开发和量水种植，发展能解决季节性缺水的抗旱措施。

④ 针对高效作物和机械化水平，适当发展喷、微、滴灌技术。

⑤ 实行污染源头控制，严格控制大型厂矿、城市的排放标准，大力进行污废水治理和分水质利用技术。保护天然湿地，发展生态环境。

4. 南方管理、水质型缺水区

该地区人均水资源量大于 1 500 m³，水资源利用率为 20%～30%，人均供水量大于 500 m³，大中型蓄水工程较多，当地径流利用潜力较大。主要集中在长江中下游，珠江、钱塘江、闽江等东南沿海诸河下游地区和淮河下游区（引江区）。目前主要因资源配置不合理，水权不明晰，种植结构不合理，灌水粗放，灌溉定额大和排灌渠沟合一，城市污废水直接排放等造成的水质恶化，出现季节性、连续干旱年的局部性缺水。也有成片干旱缺水的高岗地。该地区节水措施的发展方向如下。

① 尽快确定各地区水权，以达成地区间、上下游间的分水及污染物排放总量分配，污水合作处理等协议。

② 合理利用当地径流，科学调度大、中、小型蓄、引、提工程，适当开发地下水，落实水权分配和取水权制度，科学配水、用水。

③ 结合退耕还林，切实解决山区、供水死角的人畜饮水和基本农业用水；结合退耕还湖和灌区改造，整治湖区和大河三角洲地区的灌排系统，实行排灌分渠，改造渍害农田。

④ 加紧灌区节水技术改造，渠道建筑物配套和骨干渠道防渗，田间工程配套，进行田块整理，推广节水灌溉制度，改进地面灌水技术，发展管道输水和管道灌溉，提高灌区管理水平。

⑤ 切实进行农业结构调整，发展经济作物和特色农业经济，提高农民收入，增加社会节水投入。

⑥ 源头治污。严格控制城镇、工业企业污废水的直接排放对河流的污染；采用枯水控制，保证河流必要的生态环境用水。

5. 南方工程型缺水区

该地区人均水资源量大于 2 000 m³，水资源利用率在 20% 左右，人均供水量为 400 m³ 左右。大中型蓄水工程少，当地径流利用潜力较大。主要集中在西南地区。目前主要是地表径流调蓄能力低，耕地分散，灌水粗放，灌溉定额大，管理水平低，经常出现季节性、连续干旱年的局部性缺水。也有成片干旱缺水的分水岭地带。该地区节水措施的发展方向如下。

① 鼓励对水利工程进行投融资，探讨以水权、未来水费收入等为抵押来筹集资金的建设方式。

② 适度开源，合理配置水资源和社会经济发展规模；合理利用当地径流，实行中小结合，蓄、引、提联合调度，提高供水保证率。

③ 搞好现有灌区节水改造，注意灌区防洪和渠道安全，配套渠系建筑物，配套田间工程；搞好田块整治，提高地面灌水技术，废止串灌、串排及排、灌合渠，推广节水增产灌溉制度，改造渍害田。

④ 结合退耕还林、封山育林，防治水土流失和山体滑坡、泥石流等地质灾害，涵养水源，进行小流域整治。

⑤ 切实解决山区人畜饮水问题，发展小型田头蓄水、小型山塘工程，保证一定的基本

农田用水。

⑥ 调整农业结构和种植结构，发展特色农业，提高农民收入，增加社会节水投资。

6.1.2　我国节水型社会建设模式存在的问题

节水模式是充分合理利用各种水资源，采取水利、管理、技术等各项措施，使区域内有限的水资源总体利用率最高及其效益最佳。由于实施节水模式的地区自然、经济、社会条件差别很大，因此在节水模式的推广过程中存在一些问题，主要表现在以下几个方面。

1. 节水配套政策不够，管理水平较低

我国用水市场机制不健全，居民用水水价偏低，不利于节水工作的开展。在推行节水模式过程中，管理是最重要的环节，也是目前最不为人们重视的环节。由于节水配套政策不够，管理水平较低，使得重建设、轻管理仍是长期以来没有解决好的一个重大问题，尤其是农业灌溉问题更加明显。目前，灌区农田灌溉水的水价仅为供水成本价的 $1/3 \sim 1/2$。在一些引河灌区，水费支出仅占平均纯收入的 2.1%。由于水价太低，导致农业种植中不愿意在节水设备上增加投入；水利工程难以维修更新，工程老化失修、带病运行，使得节水效益日趋下降。

2. 节水模式推广盲目，缺乏因地制宜

目前可供选择的节水技术有很多，但都有一定的适用范围，必须因地制宜，做好调查研究，进行充分论证和多方案比较，特别要考虑我国国情，选择最适合本地区发展的节水技术措施。然而，目前发展节水模式考虑不充分，不能很好地结合各地实际情况，缺乏考虑当地自然条件和社会经济水平，并没有因地制宜地选取适宜的节水技术和模式，导致投入大量资金建成的节水工程不但没有发挥应有效益，而且还带来很大的负面社会效应。发展节水模式是一项系统工程，应以经济效益为中心，以提高水资源利用率为目标，将工程措施与非工程措施相结合、软件建设与硬件建设相结合，从而形成各种节水技术的组装、配套与集成，以显著的经济效益促进节水技术发展。

3. 节水意识淡薄，缺乏合力发展

节水型社会建设在技术上涉及水利、农业、林业、气象、电力、环保等部门；在研究推广上涉及科技、教育、宣传等部门；在资金投入上涉及计划、财政、金融等部门；在组织管理上涉及中央和地方各级政府。构建节水型社会已成为我国的一项国策，政府部门非常重视并积极推广节水模式的应用，然而在节水模式推广过程中，由于各部门和居民的节水意识并不高，且各政府部门之间职责不协调，缺乏合力发展，导致我国节水型社会建设现有模式不能很好地发挥作用。节水工作在依靠工程建设和行政推动的同时，还需要提高节水宣传力度，提高公众参与意识，改变落后用水习惯，树立正确的用水观念，并不断提高各部门之间的协作，确保部门之间的合力发展。

4. 投入机制不健全，可持续性不够

我国节水工程建设投入渠道比较分散，没有形成相对稳定的建设投入机制和管护机制，

致使投资效益低下。除了中央和省级投入外，市、县级财政投入困难。国家投入渠道多，包括水利部门本身、财政和水利结合、国土整治及农业综合开发等，但由于各部门的资金不是统一调度使用，在工程规划及布局上缺乏统一考虑，建设投资标准也不一致，要求也不同，造成建设难以形成合力，整体推进难度较大、地方资金配套压力比较大。另外，供水水价普遍在成本水价的40%左右，不能补偿成本，无法为水利工程提供稳定资金投入。在工程损坏失效时，管理者往往无力履行维修和更新责任，仅能发挥"只用不管"的作用。

5. 节水工程管理体制不完善，用水计量不到位

节水工程存在重建轻管问题，权属不清，机构不健全，节水工程管理体制主体缺位，管护费用不到位，工程管理和维修、水权分配、灌溉用水管理、科技推广、节水宣传、水事纠纷等责任不十分明确，规章制度不完善，运行机制不健全。灌溉用水没有实施计量，管理粗放，降低了灌溉水利用率。此外，机泵、电力设施、控制设备等机井设施管理保护不当，一些设施设备、传统井房门窗等丢失损坏严重，地下水开采无序，因监控不到位，使得灌溉缺乏科学性，认为浇水越多，产量越高，存在灌溉用水浪费现象，导致节水效果不佳。

6.2 国外节水型社会建设经验

6.2.1 国外节水型社会建设特点

由于各国国情不同，水资源条件千差万别，在长期节水型社会建设过程中，各国建立了一系列节水管理体系和措施，大致可归纳如下。

1. 建立全国性、地区性和流域性水管理机构，加强节水管理

日本的水资源管理由5个省分管，分别主管农业节水、工业节水、生活节水等。其中，国土厅在水供求计划的基础上编制全国长期节水计划。日本还于1985年成立了"推行建节水型城市委员会"。

以色列节水管理部门分3级，水务委员会为最高级别的管理机构，负责有关行政法规及技术措施的实施。地方机构负责其管辖范围内所有用水的计量，并监督各种水供应及废水排放条款及禁令的执行。公众团体如水协会、计划委员会、水务法庭等则接纳和处理对水管理中不合理、计划错误的行为等反对意见。

英国和法国的节水管理都是以流域为单位的综合性集中管理。各流域机构负责水资源开发、水资源保护等，并广泛采用合同制，只要是合同规定授予的权力都受法律保护。

韩国节水管理机构有建设部、健康和社会事业部、环境部，分别负责各地供水系统和污水处理厂的规划、设计和建设，制定饮用水标准和监测饮用水水质，建立污染控制的法规并配合有关活动。

2. 加强立法工作，依法管水

国外并无专门的节水法律，主要是根据实际情况及时出台有针对性的水事法律，依法管水，采用行政管理手段，综合实现节水目标。

美国非常重视控制水污染，20 世纪 40 年代，美国就已颁布《水污染控制法》，随后又颁布《清洁水保护法》和《防止水污染法》，后者要求 1977 年全国污水普及二级处理，1982 年达到所有水体适于文化娱乐用途，1985 年达到不排污，即"零排放"。

日本自 20 世纪 50 年代以来，先后颁布了《日本水道法》《水质保护法》《工厂废水控制法》《环境污染控制法》和《水污染控制法》等，日本还制定了《节约用水纲要》，动员市民共同努力，建设节水型城市。

以色列早在 1948 年就声明全国水资源均归国家所有，每个公民都享有用水的权力，并先后颁布《水计量法》《水灌溉控制法》《排水及雨水控制法》及《水法》，以达到节水的目的。其中，《水法》是最基本、最主要、最全面的法律，对用水权、水计量及水费率等方面都做了具体规定，包括废水处理、海水淡化、控制废水污染和土壤保护等。

英国早在 1944 年就颁布了水资源保护法，又在 1945 年、1958 年、1963 年和 1974 年相继作了补充完善。1991 年制定了《水资源法》《土地排水法》《水事管理法》。1995 年制定了《环境法》。

3. 制定合理的节水型水价

当今各国许多城市通过制定水价政策来促进节水，美国一项研究认为：通过计量和安装节水装置，家庭用水量可降低 11%，如果水价增加一倍，家庭用水可再降低 25%。一些国家比较流行的如采用累进制水价和高峰水价等；有一些国家和地区对居民生活用水收费实行基数用水优价甚至免费，超过基量则加价收费，从而增强居民的节水意识，如我国香港每户免费基数为每月 12 m^3。

美国和日本各类用水实行不同水价，水费中包括排污费，有利于废水处理回用，并实行分段递增收费制度，既保证低收入用水户能得到用水保障，又有利于节水。如日本家庭月用水量 10 m^3、20 m^3、30 m^3 的水价比分别为 1：2.6：4.2。

以色列水费按累进制费率计算，并规定居民用水分 3 种收费方式：基本配给费、附加用水量收费，以及超过基本配给和附加配给的用水收费，且各类用水户的用水定额随当年可用水量的补充程度而变化。

法国通过提高排污费来促进企业控制水污染，将征收排污费与推动节水减污结合起来，并对采用节水减污措施给予优惠待遇。

4. 调整产业结构

在缺水地区，发展耗水量小的工业和农业，种植耗水小、效益大的经济作物，同时压缩耗水量大的工业及农作物的种植，从而使有限的水资源发挥最大效益，这也是当今世界节水工作的一大趋势。

美国、日本近年来工业用水量下降，也与其工业结构变化密切相关，如对一些耗水量大的化工、造纸行业进行压缩，甚至部分转移到国外，而耗水小的电子信息行业迅速发展，使工业取水出现负增长。

以色列面向国际市场，发展高效益的商品农业，将有限的水用于效益高的经济作物和出口蔬菜的灌溉，提高节水效益，促进农业节水的良性循环，在近乎沙漠的土地上，农业开发取得令人瞩目的成就。

5. 开发节水新技术

（1）农业

发达国家农业节水一是采用计算机联网进行控制管理，精确灌水，达到时、空、量、质上恰到好处地满足作物不同生长期的需水；二是培育新的节水品种，从育种的角度更高效地节水；三是通过工程措施节水，如采用管道输水和渠道衬砌提高输水效率；四是推广节水灌溉新技术，如地下灌、膜上灌、波涌灌、负压差灌、地面浸润灌和激光平地等；五是推广增墒保水技术和机械化旱地农业，如保护性与带状耕作技术、轮作休闲技术、覆盖化学剂保墒技术等。

美国和以色列的农业节水主要是通过推广节水灌溉，改进灌溉技术，实行科学管理来实现。如用计算机监测风速、风向、湿度、气温、地温、土壤含水量、蒸发量、太阳辐射等参数，从而实时指导灌溉。在以色列，已经出现了在家中利用计算机对灌溉过程进行控制（无线、有线）的农场主，同时美国多数地区还采用激光平地后的沟灌、涌流灌、畦灌等节水措施。节水技术使美国灌溉用水在 1980 年达到峰值后持续下降。

日本的海水灌溉和废水灌溉处于世界领先地位，如用海水灌溉苜蓿等技术。目前，科学家们正在培养适应海水灌溉的糖、油、菜类等农作物。

法国在农业节水中的一大贡献是其旱作农业技术，巴博瑞（Barbary）公司研制开发的新型 BP 土壤保水剂，在作物根部的土壤中少量施用后，可使灌溉水在灌溉后 20 天到一个月内，缓慢释放以被作物根系吸收利用，灌溉水（或雨水）基本上没有蒸发和深层渗漏损失，水的利用率大大提高，灌水量可减少一半左右，且作物耐旱时间长，是一种先进的抗旱保水剂。

（2）工业

国外工业节水主要通过 3 个途径：一是加强污水治理和污水回用；二是改进节水工艺和设备，提倡一水多用，提高水的利用效率；三是减少取水量和排污量。这 3 个方面相辅相成、相互推动。工业节水技术主要有提高间接冷却水循环、逆流洗涤和各种高效洗涤技术，物料换热技术。此外，各种节水型生产工艺、无水生产工艺（如空气冷却系统、干法空气洗涤法、原材料的无水制备工艺等）都在不断发展和完善。

美国水循环使用次数不断提升，同时制造业需水量也逐年下降，相应的排水量也大幅度下降，有效地控制了工业水污染；日本由于采取了节水措施，工业（不包括电力）取水量自 1973 年达到高峰之后逐步下降；英国工业用水在 20 世纪 70 年代达到高峰之后稳步下降，目前英国废水处理已达到了很高的比例，完全处理的占 84%，初步处理的占 6%，未处理的仅占 10%；法国通过改进化工技术，使得工业耗水和污染物的排放逐年下降。

（3）城市生活

在日常生活中采用节水型家用设备已得到许多国家的重视。如以色列、意大利及美国的加利福尼亚、密执安和纽约等州分别制定了法律，要求在新建住宅、公寓和办公楼内安装的用水设施必须达到一定的节水标准，各国政府要求制造商只能生产低耗水的卫生洁具和水喷头等。

美国、以色列、日本等国主要是引进节水型器具，如流量控制淋浴头、水龙头出流调节器、小水量两档冲洗水箱、节水型洗盘机和洗衣机等，采用这些简单的节水措施可使家庭用水量减少 20%～30%。以色列采用带有蒸发冷却器的回流泵，这些冷却器可降低耗水量 80%。日本节水龙头可节水 1/2、真空式抽水便池可节水 1/3、节水型洗衣机每次可节水 1/4，此外，日本还对采用节水效果好的节水器械用户给予奖励。

（4）供水

国外非常重视管道检漏工作。根据美国东部、拉丁美洲、欧洲和亚洲许多城市的统计，供水管泄漏的水量占供水量的 25%～50%，菲律宾首都马尼拉，20 世纪 70 年代供水系统的漏水高达 50%。因此各国均把降低供水管网系统的漏损水量作为供水企业的主要任务之一来对待。美国洛杉矶供水部门中有 1/10 的人员，专门从事管道检漏工作，使漏损率减到 6%；韩国已经建立了一整套减少泄漏的措施，包括预防措施、诊断措施和一些行政管理手段，并提出泄漏水量由 20% 降至 12%；日本东京自来水局建立了一支 700 人的"水道特别作业队"，其主要任务就是及早发现漏水并及时修复。澳大利亚悉尼水务公司在与政府签订的营业执照中确定要将漏水率降低到 15%。以色列研制了管道漏水快速检测和堵漏的克劳斯液压夹具，发挥了巨大效益。

6. 开发替代水源

为了缓解用水压力，发达国家不断寻求替代水源。目前，技术比较成熟且广泛使用的有以下几种。

（1）污水治理回用

发达国家特别重视废污水治理、排放和回收利用，通过各种法规和严厉的处罚条例，迫使工业废污水排放单位改进污水处理技术，增加水的循环利用。在日本、美国等许多国家，还广泛利用"中水"，即在大宾馆、学校等单位，将冲洗浴等一般生活用水回收处理后用于非饮用水。

（2）海水利用

海水可以直接用作冷却水、电厂冲灰水、某些化工行业的直接用水、市政卫生冲洗用水等。世界上许多沿海国家，工业用水量的 40%～50% 用海水代替淡水。日本、美国、意大利、法国、以色列等每年都大量直接利用海水。目前有 100 多个国家的近 200 家公司从事海水淡化生产，海水淡化设备主要装配在沙特阿拉伯、科威特等海湾产油国及日本、美国等国，其中在中东地区所拥有的设备占总淡化设备数量的 25.9%。

（3）雨水利用

近年来，世界银行、各国政府对雨养农业的投入开始增加。目前的雨水利用，多数国家已从解决缺水地区的人畜饮水，发展到系统规划、设计、开发、管理等方面的研究上，雨水利用已成为开发新水源的有效途径。在以色列南部的内盖夫沙漠中，雨水是唯一的水源，虽然年降水量仅 100 mm，却发展了农业并建立了城市，成为沙漠文明的典范。雨水利用的另一新技术是人工增雨。1975 年，世界气象组织决定组织国际性合作的"人工增雨计划"，进入 20 世纪 80 年代，世界上人工增雨试验越来越多。近年来，人工影响天气研究又获得了重大进展，并酝酿着从局部影响到改变大气环流结构和按指定时间、地点可靠增雨等方面的技术突破。

7. 加强节水宣传

当今，各国都采取多种形式的保护水资源和节水的宣传教育活动。如在日本、韩国、澳大利亚、美国、加拿大等地，着重通过学校、新闻媒体教育青少年，宣传节约用水的重要性。许多国家还确定了自己的"水日"或"节水日"，在这期间散发各种节水书籍、小册子、宣传品，放映节水电影和节水征文比赛等以加大节水意识的力度。

6.2.2 发展中国家节水型社会建设的不足

虽然在全球范围内节水型社会建设取得了一定成效，但面临的水资源问题依然十分严峻，未来很长时期内，节约用水仍将是许多国家（特别是发展中国家）的一项基本国策。当前，在节水工作中仍然存在一些问题。

1. 农业节水方面

在农业节水方面，由于节水农业投资巨大，发展中国家目前还难以投入巨资，因而存在的主要问题有：一是灌溉设备落后，灌溉效率低下；二是在地下水补给源问题上，因为采用喷灌和滴灌，使地下水补给大量减少，严重影响依赖于地下水的城市用水，在节水灌溉和地下水补充之间，还存在着如何平衡和协调等问题。

2. 工业节水方面

在工业节水方面，发达国家由于有了雄厚的资本积累，治理污染投入大，工业节水效果明显，而发展中国家还在走先污染后治理的老路，工业节水效率低。同时，在发展中国家，缺乏节水技术改造和污水治理的资金，是节水的一个重要障碍。最为严重的是一些发达国家，在产业结构调整中，将一些耗水大、污染高的行业移到了发展中国家，加剧了发展中国家的污染。另外，废水处理回用也存在着一系列问题，包括现行处理过程实时监测可靠性的提高，以及工业废水处理中对源头的管理、控制和处理系统的成本控制等。

3. 生活节水方面

在生活节水方面：一是公众节水意识还不够强，用水习惯较难改变，实际节水效果与预期目标距离较大；二是供水企业总是将节水作为一种应急措施，只有在供水紧张时，才要求用户节约用水，平时总是力图充分利用现有供水能力，获得最大利润，这也是不能深入开展节水的一个障碍；三是节水器具的价格与水价不协调，居民节水效益差。更严重的是，大多数发展中国家目前还处于低水平用水，一方面水价偏低、水资源的浪费和污染的加剧；另一方面饮用水水质得不到保证，节水还未提上议事日程。

6.3　我国节水型社会建设、节约型校园建设试点的成功案例

6.3.1　我国节水型社会建设试点城市的成功案例

2001 年，我国首次提出建设节水型社会的工作目标，2002 年 3 月水利部决定在甘肃省张掖市开展我国第一个节水型社会建设试点，之后试点数量不断扩展，并按照"点—线—面"的格局，遵循"两部—两个—层次"的战略部署分阶段、有步骤地推进。截至目前，在全国已分 6 批开展了 100 多个国家级、200 多个省级同类型试点，以此带动节水型社会建设在全国向深层次、全方位发展。

在有序推进节水型社会建设试点的同时，也注重对试点工作的监督和检查，并按照《节水型城市考核标准》的要求进行考核和评价。自 2002 年 3 月开展节水型社会建设试点以来，截至 2013 年 4 月，我国已评选出 64 个国家节水型城市，积累了节水型社会建设的有益经验。

以下就宝鸡市、绵阳市、天津市、太仓市等国家节水型城市的节水型社会建设经验概括如下。

1. 宝鸡市

（1）严格政策，加强水资源管理体系建设

① 健全政策体系。为推进节水型社会建设科学有序进行，市政府组织编制了《宝鸡市节水型社会建设规划》，印发了《宝鸡市节水型社会建设试点实施方案（2009—2011年）》。结合宝鸡实际，完善和落实了水资源节约、保护和管理的一系列配套管理办法，制定出台了《宝鸡市水资源管理办法》等 20 多部规范性文件，形成了较为完善的节水型社会建设制度体系，为推进依法治水、促进节约用水提供了有力的政策保障。

② 实行最严格的水资源管理制度。一是科学保护水源。宝鸡市制定了市区水源地冯家山水库保护措施和实施方案，划定了农村饮水安全水源地保护区域。在主要河流和水库营造水土保持林带和护岸景观林带，增强水源涵养能力。近两年累计绿化超过 400 km，绿化面积超过 660 hm²，植树 160 万株，重点水系及其主要支流绿化率达到 90% 以上，渭河等 5 条主要河流水质达到相应功能区标准。在城市自来水管网覆盖区关停自备水源井，市区累计关闭 260 多眼，地下水水位已恢复到 20 世纪 70 年代埋深 20~30 m 的水平。二是严格管理制度。坚持取水许可制度和建设项目水资源论证制度，初步形成了以总量控制、定额管理为核心的节水管理体系。对宝鸡卷烟厂异地搬迁技术改造、宝鸡石油机械工业园、宝鸡钢管工业园、陕汽集团蔡家坡汽车零部件生产基地、宝钛工业园等 30 多个重大项目建设进行了节水论证审查。严格落实建设项目节水"三同时"管理制度，审查节水建设工程项目 175 个，验收建筑面积 43 万 m²。三是开展专项整治。2010 年 7 月，在全市开展了为期 6 个月的水资源管理专项整治活动，对取水许可、用水计量、水资源费征缴等重点工作进行集中整治，从源头

上维护水资源管理秩序，努力构建依法、科学、有序的水资源管理长效机制。四是促进节水减排。2010 年年初，市政府发布《关于更换淘汰非节水型用水器具的通告》，全面启动节水型器具推广使用、非节水型器具更换淘汰工作，禁止非节水型器具的销售和使用。严格限定水域纳污总量，坚决取缔饮用水水源保护区内的直接排污口，严禁工业污水超标排放，近七成规模以上工业企业建立了污水处理循环系统。

③ 开展水权转换。为充分发挥市场机制在水资源配置中的导向作用，促进水资源优化配置，2010 年以市长令的形式出台了《宝鸡市水权转换管理暂行办法》，在全省率先建立了水权转换管理制度。市水利局制定了《宝鸡市水权转换实施细则》等政策性文件，开展了段家峡水库、鸡峰山水库等几个大型灌区水权分配及转换试点，为宝鸡水市场的建立奠定了基础。

（2）优化转型，强化水资源承载能力相适应的经济结构体系建设

① 坚持以水布局产业。围绕建立与水资源承载能力相适应的经济结构体系，制定了《宝鸡市经济结构调整规划》，市发改、农业、住建、工信等部门在制订相关产业规划时，都按照以水定产业、以水布产业的思路，完善了规划。在编制"十二五"规划时，增加了工业增加值用水量、农业灌溉水利用系数、城市和县城污水处理率等节水刚性控制指标。

② 优化农业结构布局。积极培植农产品加工、流通型龙头企业和农民专业合作社，壮大现代农业科技示范园区，促进畜牧为主导、果蔬为特色、粮油为基础的优势农村产业格局向现代农业产业体系转变。在渭北塬区，集中连片建设百万亩优质苹果产业带；在秦岭北麓，推动猕猴桃进山沟、上台塬，集中发展 4 万 hm^2 优质猕猴桃产业带，促进水资源集约高效利用；在粮食生产上压缩山、塬低产区小麦，开展旱作农作物高产创建活动，发展低耗水农业。

③ 促进工业转型升级。以提高水的利用效率为核心，以高用水行业为重点，以企业为主体，以建立节水型工业为目标，强化工业节水管理，支持节水技术改造，创建节水型工业企业。加大落后产能淘汰力度，近两年淘汰用水量大、污染严重的水泥、铅锌冶炼、造纸等企业 30 多户，淘汰产能 500 多万 t，年节水 600 多万 m^3。

（3）提高效益，加快水资源高效利用的工程体系建设

① 实施农业生产节水工程。全市有效整合灌区节水续建配套、农业综合开发、农业科技示范园建设等工程项目，累计投资 9 000 多万元，大力建设农业节水工程。全市农业节水灌溉面积达到 13 万 hm^2，年种植地膜玉米等节水农作物 3 万 hm^2 以上，喷灌、微滴灌等高效节水灌溉面积达到 0.87 万 hm^2。实施计量供水灌溉办法，发挥价格杠杆作用，提高灌溉用水效率，全市灌溉水利用系数由试点实施前的 0.5 提高到了 0.54，灌区年新增节水能力 2 000 多万 m^3。

② 实施工业发展节水工程。大力引导企业开展节水技术改造，运用节水新工艺、新设备，实现循环用水、一水多用，全市各类企业共投入节水改造资金 8 000 多万元。目前，全市工业水重复利用率达到 70.36%，万元 GDP 取水量下降到 64.54 m^3，规模以上工业 GDP

取水量降到 15 m³，年工业节水 5 000 多万 m³。

③ 实施生活幸福节水工程。全市累计改造城镇供水管网 12 条 35 km，组织开展了"节水器具进万家"活动，市区居民户节水器具普及率达到 100%，全市节水器具普及率达到 73%。

④ 实施非常规水利用节水工程。相继建成了市区 6 处城镇雨水收集利用工程、凤翔县城墙遗址公园和麟游、凤县等山区县集雨窖工程，建成了宝化科技公司、百合花城小区等为代表的 15 个居民区建筑中水工程及 5 万 t 市政中水利用工程，非常规水利用水平不断提高。

⑤ 实施节水单元创建工程。突出抓点带面，以节水单元创建为载体，深入推进节水型社会建设。重点开展了节水型城镇、灌区、企业、单位、小区创建活动，涌现出了宝二电、西凤酒业、太白酒厂、华山车辆厂等一批节水型企业；完成了金台区陵园乡宝陵村雨水集蓄利用设施农业示范区，眉县万亩猕猴桃节水示范区，眉县石头河灌区节水示范区，陈仓区阳平、慕仪设施农业节水示范区，凤翔县正阳农业滴灌节水示范区等一批农业节水灌区。节水单元创建活动为试点工作树立了典型，推动了全盘工作。

（4）宣传引导，促进自觉节水的社会行为规范体系建设

开展宣传活动，提高社会知晓率。充分利用各种形式，加强日常宣传，不断强化公众的水资源忧患意识和节约意识，提高了节水型社会建设的知晓率。普及节水知识，提高社会参与率。强化群众参与意识，举办了宝鸡市第十八届"科技之春"宣传月暨节水型社会建设大型综合科普示范活动等一系列活动，搭建了群众参与的平台。繁荣节水文化、倡导文明用水，使关心水、珍惜水、节约水、保护水的观念深入人心。

2. 绵阳市

多年来，绵阳市节水工作在住房和城乡建设部、国家发改委和四川省建设厅、省发改委、省经委的关心和指导下，坚持"节水优先、治污为本、多渠道开源"，把城市节水工作放在首位，努力创建节水型城市，取得了显著成效。

（1）广泛开展城市节水宣传活动

几年来，市委、市政府十分重视城市节水宣传活动。如何在一个丰水城市开展节水工作，对此，坚持从绵阳实际出发，从转变观念入手，大力宣传"节水是手段、减排才是目的"的节水理念，引导广大市民增强忧患意识，转变落后的用水观念和用水习惯，掌握科学的水知识，把节约用水变成广大城市居民的自觉行动，在全社会形成节约用水、合理用水、防治水污染、保护水资源的良好生产和生活方式。绵阳市民节水观念已经牢固树立，节水意识逐步增强。

（2）积极开展创建节水型企业（单位）活动

近几年来，为把创建节水型城市工作落到实处，绵阳市坚持以企业（单位）和小区为重点，通过典型引路，抓节水细胞建设取得显著成效。依照《节水型企业（单位）目标导则》的要求，结合绵阳市实际，制定出台了节水型城市建设《用水定额标准》《节水型宾馆标准》《节水型生活小区标准》《节水型企业（单位）标准》。利用企业本身的技术力量和

节水工作的技术指导进行创建活动。截至目前，全市已有23个企业（单位）获得四川省批准命名的节水型企业（单位）的称号。节水型企业（单位）覆盖率达31%，超过国家规定的15%的标准。

（3）建立完善法规体系，依法开展城市节水工作

市政府十分重视城市供水、节水和水环境保护的法规建设，制定了《绵阳市城市供水用水管理办法》《绵阳市计划用水和节约用水管理办法》《绵阳市水价管理办法》《绵阳饮用水水源保护区划分及监督管理实施办法》《绵阳市饮用水水源保护管理办法》《绵阳市城市节水"三同时"管理办法》《绵阳市节水型器具监督管理办法》《绵阳市节水科学技术进步奖励办法》等规范性文件，使节水工作做到了有章可循，这些规章制度的颁布实施，有力地推动了水资源开发利用和节水工作的开展，为水资源的可持续利用奠定了坚实的政策基础。

（4）坚持科技先行的城市节水之路

绵阳市城市节水工作突出科技城特色：作为中国唯一的科技城，坚持依靠科技促进节水，其电子工业、高科技产业节水效率位居全国同行业前列；进行经济社会结构与产品市场结构调整。通过关停并转迁，控制高耗水、高排污产业，使城区水环境质量显著提高。大力开展供排水管网改造，使用新技术、新材料，2年时间推行户表改造工程3.3万户，大大降低了供水管网漏损率，城区排水管网全面实现了雨污分流。并计划用5年时间推行10万户"户表工程"改造，为进一步治理自来水"跑、冒、滴、漏"，防治水资源浪费，为居民计划用水和实行阶梯水价创造条件。

3. 天津市

（1）加强节约用水宣传

天津市1997—2000年居民生活用水量平均年递增率为5.08%，人均生活用水量为136～146 L/（人·d）。为提高全民节水意识，市政府利用一切宣传手段，在不同领域大张旗鼓地进行节水宣传并提出"三口之家月用水量为8 m³"的口号。思想意识的提高带动了全社会节水氛围的形成，2001年在全市住宅面积增长300万 m²、饮水人口增多的情况下，年用水增长率为-20%，人均生活用水量约为88 L/（人·d），下降了35%左右。

（2）将节约用水规划纳入国民经济发展规划

将城市节水规划纳入国民经济发展规划是科学合理地开发利用水资源的重要依据，《天津市城市节约用水规划》准确地对本地水资源进行了行业用水分类，真正建立了量水而行、以水供需、以供定需的优化配置科学体系，使节约用水工作沿着法制化轨道健康发展。

（3）加强用水计划管理

加强用水计划管理是提高城市节水工作水平的重要基础。天津市全面开展制定用水定额工作，对用水量大、具有行业代表性、反映城市用水水平的国家及城市重点企业单位，从工业、农业、城市生活诸方面制定用水定额近400项，并以地方法规的形式公布执行，形成了科学的用水体系。

（4）建立合理的水价机制

合理调整水价，建立累进加价和阶梯水价等科学、完善的水价机制，有助于节约用水工作的推动。天津市每年调整一次水价，同时对超计划用水企业、单位按照超用水比例，分别执行现行水价 1～10 倍的累进加价，以促进水资源的合理分配，鼓励用水少、效益高的企业发展，抑制用水多、效益差的企业发展，利用经济杠杆的作用促进合理用水。

（5）依靠科技进步开发节水新途径

① 对新建、改扩建工业项目严格管理。天津市对新建、改建、扩建项目实行水资源论证制度和用水评审制度，实行论证报告，确实做到建设项目的主体工程与节水项目同时设计、同时施工、同时投入使用，有力地促进了城市整体节水水平的提高，同时也实现了"四到位制度"（用水计划到位、节水目标到位、节水措施到位、管理制度到位）的落实。

② 加强工业企业节水力度。在工业节水中，天津市以提高水的重复利用率为核心、以循环冷却水系统提高浓缩倍率为重点制订计划。天津联合化学有限公司循环冷却水系统取水量近 2 万 m^3/d，将浓缩倍率由 2 倍提高至 5 倍后，2003 年上半年节水量达 100 万 m^3。同时对锅炉回用水、工艺水回用、背压式冷凝水回用成套节水技术进行推广，实行串联供水、分质供水，提高了水资源的利用率。

③ 开发污水再生回用项目。再生水的利用是城市节约用水的重要途径之一，实行广域性和区域性再生水回用是分质供水、提高水资源利用率的重要保证。天津市纪庄子再生水厂是国家重点示范工程项目，再生水回用量达 5 万 m^3/d，其中 2 万 m^3 用于居民住宅小区，3 万 m^3/d 用于工业区、区域性绿化、冲洗车辆和其他用水，缓解了城市供水矛盾，形成了再生水回用安全供水系统，实现了城市再生水供水第二体系。

④ 积极开发利用海水资源。天津市是沿海城市，海水资源丰富，依靠科技创新在工业企业冷却用水、海水淡化和改善水环境方面拓宽海水利用领域，利用海水量达 140 000 万 m^3/a 左右，节约淡水资源 6 000 万 m^3，极大地缓解了城市供水不足的局面，同时还利用海水实施分区构筑区域海水循环河网，再造水城自然景观，改善了滨海新区的水环境。

⑤ 提高城市整体节水水平。天津市每年设节水攻关科技项目近 15 项，成果转化项目近 20 项。每年组织重大的节水技术示范工程近 10 项，做到年年都有新的节水科研成果转化示范点。对于公共设施生活用水和居民家庭生活用水，以加大节水器具的普及力度为目标，制定节水型器具的强制性推行标准。每年推广节水龙头、节水便器、节水沐浴器、高低位水箱等节水器具近 10 万具，对没有配套节水用具的新型建筑一律不予供水，提高了城市节水器具的普及率。

4. 太仓市

（1）加强组织领导，保证创建工作强有力推进

太仓市委、市政府高度重视城市节水工作，把节水工作列入政府工作报告，主要领导多次调研城市节水工作，明确提出城市节水工作目标和创建工作任务。成立了由市长担任组长、18 个机关部门和辖区政府为成员的创建工作领导小组。领导小组建立了定期会商协办

制度，对城市节水管理中的重大问题进行分析研究，及时出台和调整节水管理办法和措施。组建了城市节水办公室，全面履行城市节水管理职责。在全市形成了节水工作的 3 级组织网络，使节水工作层层有人管，事事有人抓，件件有落实。

（2）深入宣传发动，增强全民节水观和自觉性

在一向被认为是富水地区的太仓，让节水理念扎根到每一个群众心里，太仓经过了一个长期、持续、有效的宣传过程。几年来，他们利用各种机会，多形式、深层次地开展节水宣传，做到主题宣传有特色、日常宣传有深度、重点宣传有创新。

一是主题宣传。充分利用"世界水日""全国城市节水宣传周""6·5"世界环境日，围绕不同的宣传主题，精心策划，提前准备，充分运用媒体、海报、文艺表演等多种形式开展节水宣传活动。

二是深入基层。积极开展节水宣传进社区、进家庭、进企业、进机关、进学校、进农村等"6 进"活动，增强市民的节约意识。

三是培育典型。开展节水先进经验交流会和现场推进会，每年评选一批市级节水模范企业（单位）、小区、家庭、节水小卫士，申报一批江苏省节水型企业（单位）、小区，通过典型引路，以点带面，推动城市节水工作。

（3）建立健全管理机制，保障节水工作规范有序开展

为有效指导城市节水工作的长期开展，该市编制了《太仓市城市节约用水规划（2008—2020）》，并先后制定并实施了《太仓市城镇供水管理办法》《太仓市城市节约用水管理办法》《太仓市浅层地下水管理实施办法》《太仓市城市节约用水奖惩实施意见》等一系列城市供水、节水和地下水管理规范性文件，还制定完善了节水统计指标体系，规范了节水统计制度。建立了节水财政投入制度，将节水专项资金列入每年的市财政预算。近年来，市财政累计拨付节水专项资金 1 000 多万元，用于节水宣传、节水器具普及、水平衡测试补助、节水科研技改、奖励节水先进等，有力地保证了城市节水工作的有序推进。

（4）狠抓工业节水管理，确保工作扎实有效落实

一是加强企业计划定额用水管理。把月用水量超 500 t 的企业全部纳入计划定额用水管理，每年年初下达用水计划，按季度考核，并运用价格杠杆加强节水管理，超计划用水加价收费。用水定额每 3 年修订一次，以适应新型工业和工艺的发展。

二是在引进外资的同时，注重引进先进的节水理念和技术，利用太仓"德企之乡"和欧美企业众多的有利条件，坚持在引进外资的同时，同步吸收利用欧美的节水理念和技术。如舍弗勒公司引进国际先进的高浓缩倍数循环处理技术和中水回用系统，工业用水重复利用率达 95% 以上；特灵空调公司在零缺陷建议制度、节水节能奖励制度等先进理念指导下，建立的节能建筑获美国绿色建筑委会员颁发的绿色建筑设计先锋金奖。

三是实行节水"三同时"管理。对市规划区范围内所有新建、改建、扩建的工程项目实施从工程设计、图纸审核、施工许可到竣工验收的全过程严格审核，把节水措施和硬件配套落实到位。

四是组织开展节水型企业（单位）的创建。创建企业把节水工作与清洁生产、能源审计、循环经济有机结合起来，把完成节水指标与节能减排结合起来，改变了为节水而节水的传统做法。

（5）开源节流并举，科学引导生活节水

一是鼓励绿化雨水河水浇灌。由于居民小区已全部实现了雨污分流，给每个小区配备自发研制的抽洒一体机，利用雨水井储水进行绿化浇灌。目前市区的绿化用水基本做到不用一滴自来水。

二是积极推广使用新型生活节水产品。城市节水办与企业联合开发的喷淋式水嘴比普通水嘴节水达 50% 以上，家庭厨房两用节水器可以在直流与喷淋间自由切换。目前在全市机关、学校、家庭进行了广泛推广使用，取得了明显的节水成效。

三是积极开展节水型小区、家庭创建。目前，全市已有 29 个居民小区成功创建了江苏省节水型小区，有 69 个家庭获评市节水模范家庭，并得到了表彰。

6.3.2　我国节约型校园建设示范高校的成功案例

我国节约型校园建设的发展经历了自 20 世纪 90 年代开始的概念宣传、21 世纪初期示范建设起步到如今的全面实施的几个不同阶段。1996 年，中国国家环保局、国家教育委员会、中共中央宣传部联合颁布了《全国环境宣传教育行动纲要（1996—2010 年）》，并提出"到 2000 年，在全国逐步开展创建'绿色学校'活动"，这项活动主要是针对中小学校。1997 年，联合国教科文组织在希腊的塞萨洛尼基召开会议，确定了"为了可持续性的教育"的理念，这标志着环境教育已不再是仅仅对应环境问题的教育，它与和平、发展及人口等教育相结合，形成了"可持续发展教育理念"。

教育部 2005 年印发了《教育部关于贯彻落实国务院通知精神做好建设节约型社会近期重点工作的通知》。随后在 2006 年，教育部发出关于建设节约型学校的通知。21 世纪我国大学校园的建设理念，在国际环境问题的背景形势下开始了有益的探索，出现了绿色大学的办学理念。其核心是用可持续发展理念作指导，立足学校长远发展来组织和实施学校当前的各项工作，保持学校持续发展潜力的大学。

2007 年，在教育部发展规划司和建设部科技司的联合主持下，组织了有关高校建筑节能及环境保护专家学者，共同编制了《高等学校节约型校园建设管理与技术导则》。2008 年 1 月，教育部举办可持续发展校园论坛，参会的 30 所教育部直属高校共同发表了关于可持续发展校园的宣言。至此，建设节约型校园的理念在我国高校兴起。目前，国内已有一大批高校在节能节水方面作出了显著成绩，可持续发展理念逐步深入我国高等院校，节约型校园建设活动成风。

以下简要介绍同济大学、北京交通大学、江南大学、北京师范大学的节约型校园建设工作。

1. 同济大学

在创建节约型校园工作中，同济大学进行了全方位的实践，加强节能教育和宣传，细化节能管理措施，注重节能工程建设，尤其是学校注重发挥建筑与城市规划、土木工程、环境、机械、电信及汽车、材料等学科优势，进行大规模节能技术改造，实现了与相关学科发展的互为促进，同时搭起了良好的产学研合作平台，不断深化和推广节约型校园建设成果。

同济大学自 2003 年起在全国率先开展节约型校园创建工作，经过全校上下努力，建设了一批节省资源和节能环保示范项目，建立起科技节能、管理节能和节约育人三位一体的节约型校园建设体系，逐步形成了全员参与、全过程贯通的节能工作局面。与此同时，依托学科优势，整合科研资源，积极承担和参与了一批新能源新材料开发、可再生能源利用、资源循环利用、环境保护等与节能减排紧密相关的重大科研课题及国家重大科研项目，取得了一大批科研创新成果，培育了一批优秀的科研人才，促进了学科发展，为全社会节能减排提供了科学技术支撑。

依托科学创新，积极实施可再生能源利用和资源循环利用，先后建成学生集中浴室的太阳热能利用系统、电蓄热锅炉、中水处理和回用系统、洗浴废水热回收利用系统、人工湿地水处理系统等。重点落实节能节水措施，校园灌溉用水实现 100% 非自来水源。新建建筑积极执行国家节能设计标准，超越本地区现行节能目标，率先实现建筑节能 65% 以上性能设计。改建工程及历史保护建筑改造合理采用相适应的建筑节能材料及生态、节能技术，集成应用建筑围护结构的保温隔热、低辐射节能型外窗、建筑遮阳、屋顶绿化、节能照明，因地制宜地采用了利用可再生浅表层热（冷）能的地源热泵空调系统、利用地道风道的新风预冷（热）空调通风系统、舒适节能的辐射式空调末端系统；结合大空间特点采用了置换空调通风、中庭复合通风与系统，以及有利于城市电网供电削峰填谷的冰蓄冷空调系统等。

学校重点加强了对学生用电、用水的节约管理：学生宿舍、集中浴室装上了智能 IC 卡，实行了水电缴费校园一卡通，节电率和节水率分别高达 40% 和 30% 以上。特别是集中浴室在节水的同时，浴室接纳量也得到提升，原来每天只能接纳 1 700 人次的一个浴室，现在接纳量超过 4 000 人次，整整提高了 1.4 倍，节约了学校新建浴室的投资。

2. 北京交通大学

从 1985 年至今，北京交通大学节水工作走过了 20 多年的历程，累计节水 500 余万 m^3（相当于学校 5 年多的用水量）。20 多年来，学校 3 次荣获"全国城市节约用水先进单位"称号，连续 16 年被评为"北京市节约用水先进单位"，连续 10 年被评为北京市节约用电先进单位。由于学校在节水方面的突出成绩，北京市政府将北京高校节水监测站设在北京交通大学。

为建设节约型校园，学校在"管、改、育、研"4 个方面采取了有效措施，取得了显著成效。

（1）"管"及其成效

建设节约型校园，关键在管。为此，北京交通大学采取了以下措施。

① 健全组织，解决"谁来管"的问题。学校成立了以主管校长为组长的节约型校园建设领导小组，后勤管理处有专人抓节能工作，后勤集团有节能办公室具体实施节能工作，各学院办公室主任也是节能领导小组的组员，做到分层管理、分工明确、责任到人。

② 落实责任、建立长效机制，解决"怎么管"的问题。学校在两次水平衡测试的基础上，制定了一套行之有效的节约用水管理办法。对单位，采取水电定额指标管理。根据多年检查、测算用水的统计、分析，给各单位下达了月用水量的定额指标，安装计量仪表，并签订用水协议。对学生宿舍，采取定时供电，并核定用水、用电超标，超标付费的办法，做到节能在经济上与每位同学的利益挂钩。对学生食堂，进行水电成本核算，按实际用量收费，这样就杜绝了食堂浪费水电的现象，食堂用餐人数 3 万多人，年用水量由原来的 9 万 m³ 变为现在的 3.7 万 m³，用电量仅为 130 万度。对供暖，也进行全成本核算，用水量由原来每个采暖期的 9 万 m³ 降为 3.5 万 m³。全面进行指标分解，全部用水、用电部位安装水、电表，指标分解到每个单位，节约奖励，超额收费。

③ 出台了节约激励政策，谁投资谁受益、谁节约谁得奖。学校投资与基础自筹资金相结合进行节能改造，如学校后勤集团自筹 300 多万元资金对供暖系统进行了改造。

（2）"改"及其成效

技改是节约型高校建设的动力。技改一定要立足长远，不能被眼前的收益所困扰。多年来，北京交通大学积极推广应用节能新技术、新产品，加快节约型校园建设步伐。

① 污水利用。1991 年，学校率先提出"污水资源化"理念，并获准建立洗浴污水处理站。1993 年，北京交通大学自行设计的"浴室中水处理系统工程"正式投入使用，并被北京市列入 1993 年节水示范工程项目，当时是投入大、收益小。经过几年的运行，社会效益、经济效益和环境效益逐渐显现出来，年平均节水近 3 万 m³。2006 年，学校近 11 万 m² 的学苑学生公寓落成，新建的中水站年平均节水 4 万 m³，实现学生公寓全部使用中水冲厕所，仅中水一项，年平均节水量就达 7 万 m³。新落成的学生活动服务中心，又新建一个日处理能力 500m³ 的中水处理站，满足了主校区大部分冲厕及绿色用水的要求。

② 雨水拦截和利用。学校有一个 1959 年开挖的人工湖——明湖，当时的主要用途是养鱼与景观。随着地下水位的下降与北京市用水指标的压缩，明湖的补水成了一大难题。于是，学校把眼光投向了中水和雨水，1987 年，学校将部分雨水通过地下管路引入明湖。经过初步试验，雨水的利用潜力还很大。

1994 年，学校对明湖进行大修，对校园道路进行改造，并利用此机会，将明湖的补水全部设计成中水和雨水，一方面，通过铺设管道，将中水从中水站直接引入明湖；另一方面，将学校教学区和西家属区 20 万 m² 汇水面积的雨水，通过 148 个雨水篦子、600 多 m 管路汇集到明湖，并在两个进水口建了两个沉淀过滤井，湖内可蓄水 9 600 m²，除满足景观用水外，还可以对湖周边半径 200 m 以内面积 31 015 m² 的绿地进行浇灌。

2003 年，学校又投资 100 多万元对湖底进行了防渗处理，同时增添了一套循环与喷泉系统，既成为校园一景，又可对湖水进行曝气，能够防止水花的产生，保证了湖水的质量。

2006 年实施了二期雨水利用工程，建设固定水泵站与过滤设施 4 处，将湖水通过地下管道引至图书馆、芳花园、思源楼、第九教学楼等处周围的绿地，并全部安装自动控制地埋升降式喷灌设备。同时购置了一台洒水车，可以对校园其他地方及家属区的所有绿地拉水浇灌。学校学生训练用的 13 555 m² 的土操场也全部采用湖水喷洒。现在学校已经实现了 70% 以上的绿地采用湖水（中水和雨水）浇灌，年可节约自来水 5 万 m³。

③ 全方位技改。学校投资近百万元，将水泵、电梯全部安装变频调速设备，年可节电 20 万度。将 11 台老式变压器更新为节能型变压器，年可节电 2 万度。学生浴室的淋浴设备全部改为射频卡计费系统，洗浴时间与同学的利益挂钩，多洗多交钱，少洗少花钱，节水、节气率达 50%。浴室供水系统采用"浴室水温自动调节、恒温供水混合罐"等设备，并将每次管道剩水回收加热再用。高层楼及住宅塔楼大部分使用了"无负压供水系统"，节水、节电效果显著。供暖系统引进了市政热力，拆除了学校自有锅炉房，节水率进一步提高。饮用开水大部分采用了即热水电开水器，加刷卡计费系统。厕所全部采用节水型器具，蹲便器采用脚踏式、红外感应式、延时自闭式等开关，小便斗（池）采用红外式、延时式。水龙头全部采用陶瓷芯水龙头。

校内草坪的灌溉安装了微喷灌设备，比使用大喷头灌溉草坪节约用水 50% 左右，被北京市节水办公室作为示范工程在北京市高校和园林系统中推广。2008 年进行了第三次水量平衡测试，并对旧有阀门与水表进行更换，完善供水管网，杜绝"跑、冒、滴、漏"隐患。

（3）"育"及其成效

宣传教育是节约型高校建设的重要途径，也是惠及全社会的重要工程。节能减排教育要不断创新方式方法，构筑全方位宣传教育网络，让学生"入眼、入耳、入心"。学校采取"五进五结合"的做法，即节能减排教育与新生入学教育、学生思想政治教育、学生公寓文化建设、食堂文化建设、学生社团工作等相结合，取得了很好的效果。

（4）"研"及其成效

科研是高校的优势，高校一定要在节约型高校建设中发挥科研方面的优势。学校鼓励自主创新，部分科研成果直接应用于节约型校园建设。目前，学校使用的无负压供水系统就是土建学院的老师在研究生学习期间研制的，仅此系统每年就可节省电 25 万度，而且与传统的蓄水池加压方式相比，避免了水质污染问题。

2002 年学校注册成立了"北京北交润通节能科技有限公司"，致力于节能产品与节能技术的研究和科研成果的转化。公司自成立以来，在浴室恒温混水、浴室计费、草坪喷灌、水量平衡测试、节能审计、节能产品推广、节能工程施工等多个节能领域取得了一定成绩，业务范围已经拓展到兄弟院校及外省市。

学校还注重理论研究，以指导节约型高校的建设，节水方面的课题已经在北京市节约用水管理中心立项。新成立的低碳研究与教育中心也在致力于研究低碳生态城市、绿色建筑及节约型校园建设标准和政策等，并在节约型校园建设的教育方面发挥了重要作用。

3. 江南大学

在多年的办学实践中，江南大学围绕生态文明建设，将可持续发展和环境保护理念贯穿大学教育全过程，注重发挥特色学科优势，积极进行绿色科技创新，大力推进最新科技成果转化，在节能减排、绿色校园建设方面取得了显著成效。

在江南大学，校园里常见的"长明灯"、"长流水"现象已再无踪迹。不仅如此，如果下班未关计算机，第二天上班就会收到警示通知；谁擅自打开消防枪取水，后勤处长手机就会自动收到短信报警……丝毫的"跑、冒、滴、漏"都逃不过校园数字网络的监控。这得益于学校自主设计开发的一套数字化能源监管系统平台，有效破解了节约型校园建设的难题。

学校依托综合性大学的多学科优势，综合应用网络、通信、信息、控制、物联网工程等前沿技术，自主创新、自主开发、自主设计了"数字能源监管系统"平台。通过"数字化"的方式，将原来能源管理过程中的"模糊"概念变成清晰数据，为管理者提供了更好、更科学的决策支持，实现了科学管理和高效管理。整合后的资源平台，管理者可以突破时空约束，实现不同人、时、地的超越化管理；实现与管理者的多渠道信息交互；平台借助布设在校园内的近2万个各类传感监控点，实现对能源使用、给水管网、路灯、安防和交通的全方位立体式的数字化实时管理，监控覆盖率达90%以上。

针对学生公共浴室用水矛盾突出问题，学校经过广泛研究论证，在公共浴室安装计时刷卡收费系统。改造后，浴室的平均耗水量由原来的67.5 t/h下降到14 t/h，月均节水4 800多t。这项措施的施行，使学校在获得可观节水效益的同时，也在很大程度上缓解了学生公共浴室洗澡资源紧张的矛盾。

对教学楼、学生公寓等区域的公共卫生间，学校统一安装红外节水器，取得了显著效益，仅教学楼每月节水就达8 000多t。据测算，学校每月节电3万多度，节水上万吨，按照一户居民月平均用水量20 t、用电200度计算，节约的水电分别可以供50户居民用上1年和3个月。而这些都得益于学校的水电数字化管理平台，江南大学在节约型校园建设过程中探索出的有益经验值得学习和借鉴。

4. 北京师范大学

北京师范大学的节水工作始于1985年，几十年来，学校抓节水工作从基础抓起，逐步建立起一套比较科学、完整并适合学校特点的管理模式。这个模式概括起来就是：专兼结合三级管理，学生是节水的主力军，长有目标短有计划，落实节水"六必须"，规范化的巡查维修。

多年来，学校的一级水表一直坚持日考核，二、三级水表月考核，装表率、完好率均为100%。这是抓好节水工作最基本的条件。用水记录准确，管理规范，材料真实，并用微机管理。对上级布置的各类统计报表能按时上报。

每年3月和9月两次对自来水管网和用水设备进行全面检查和维修。平时设有24小时值班维修电话，一般小活半小时之内修完，大活不过夜。市、区有关部门多次进行抽查，未发现有"跑、冒、滴、漏"等浪费用水现象，受到表扬。校外供水单位不多，用水量不大，均装表计量，按实际量计价收费，从严管理。

2006 年初，根据教育部《建设节约型学校》的通知精神，学校制订了供水管网调整和更新改造方案、雨水回用工程、筹建第二座处理污水站、第三次水平衡测试等几项重大节水项目。

2006 年，学校共更新自来水主干管及新铺绿化专用水管 1 300 余米，将全校绿化与生活用水管网分开，为日后绿化全部使用中水提早准备。绿地新装地埋喷灌系统 5 万 m²。目前，节水型喷灌面积已占绿地面积的 98%，达到了节水型灌溉，节水 30% 以上。部分绿地已使用中水喷灌，待新的中水站建成后，绿地喷灌将全部使用中水。铺装透水路面 900 m²，草坪透气砖 1 500 m²，能够使雨水间接利用。对学校中水站进行了改造，使中水站日出水能力从 400 m³ 提高到 500 m³，并对学生宿舍楼内墩布池的供水管线进行了改造，从而实现了楼内保洁全部使用中水，改造后的篮球、排球、网球、手球、足球、田径等场地也全部使用中水冲洗，扩大了中水使用范围。在学生公寓浴室及公共大浴室管道上安装了冷水循环系统，回收洗浴前管道内积存的冷水，并在淋浴喷头上安装了节水装置，年节水超过 2 万 m³。改造了高层供水水箱，安装了 10 台变频供水系统，提高了供水和饮用水质量，也利于节水节电。

6.4 城市社区节水模式及实施路径

6.4.1 城市社区节水模式

1. 城市社区用水特点

城市社区是指城市一定生活空间的居民所形成的以区域为纽带的社会共同体，是社会有机体的最基本组成部分，是宏观社会的缩影。城市社区用水主要包括居民日常生活用水、社区公共用水等。居民日常生活用水与居民生活密切相关，与城市工业用水不同，生活用水有自己的特点：用水过程属于私人行为；水价相对便宜，没有从经济上引起百姓的重视；生活用水随季节等因素变化具有随机性，难以把握，只能宏观调控。社区公共用水主要是指社区内绿化、景观、清洁、消防等用水，其特点是：公共建筑用水浪费较普遍，产权不清晰，缺乏有效监管，费用常分摊到住户，再生水、雨水资源替代率低等。

2. 城市社区节水关键环节

根据陈慧婷等对南方某城市 105 个居民小区在 2009—2011 年的用水情况调查数据（见表 6-1）。在各种用水方式中，住户用水所占比例最高，达到 76%～78%，商业企业用水约占用水总量的 10%，小区其他公共用水占用水总量的 13%～25%，绿化用水约占用水总量的 2%，小区消防、景观、物业用水较少，不足用水总量的 1%。由此可见，城市社区节水的关键在于住户用水，也即居民生活用水。

表 6-1　小区用水有效样本数

年份	用水方式						
	住户	商业	绿化	消防	景观	物业	其他公共用水
2009	77	47	43	3	3	31	12
2010	79	49	44	3	3	31	13
2011	80	51	45	4	3	31	14

3. 城市社区节水现状

近年来，在科学发展观指导下，城市节水工作理念逐步实现了从过去"解决水资源短缺危机"到新时期"实现城市可持续发展"的重大转变，"节水减排，科学发展"已成为普遍共识。城市节水理念的转变，有力地提升了城市节水工作的地位。城市节水和节水型城市创建工作已成为各地开展节能减排、创造人水和谐水环境的重要途径和立足点。住房和城乡建设部办公厅指出：要认真总结城市节水工作特别是节水型城市创建工作经验，大力宣传推广城市节水典型范例和项目，以典型促发展，全面提升城市节水工作水平。同时，各地政府要全面部署，精心组织，开展广泛、深入的集中宣传活动，倡导健康文明的生产和生活方式，营造全社会自觉节水的良好氛围。

伴随着城市节水工作的推进及节水型城市建设的开展，城市社区节水工作也有条不紊地展开，并取得了一定的成效。但是，城市社区节水发展过程中仍有许多不足：家庭用水浪费依然很严重；节水器具的推广发展不够全面；再生水的供应能力有待提高，建设区域性再生水回用系统、雨水利用示范工程有待加强；城市社区供水年漏损量相当大，供水管网漏失率偏高，城市社区尤其是老旧社区的供水基础设施建设仍需不断加强；节水型社会管理体制并不完善，城市整体协调能力不足。

6.4.2　城市社区节水实施路径

1. 技术措施

主要是全面推广使用节水型器具，提高非接触自动控制式、延时自闭、停水、自闭、脚踏式、陶瓷片密封式等节水型水龙头的使用比例，杜绝铸铁螺旋升降式水龙头、铸铁螺旋升、降式截止阀的使用。普及节水型淋浴设施，集中浴室普及使用卡式智能、非接触自动控制、延时自闭、脚踏式等淋浴装置。

通过推广和普及节水器具，减少水资源的浪费和损失，可以降低城市人均生活用水量，从而减缓城市生活用水量的增长速度。有报道指出，家庭用水的 40%～50% 用于便器和淋浴用水。由于渗漏和不良用水习惯导致的水浪费现象比较严重。采用节水型便器和喷头可以减少水量浪费，缓解用水压力。节水器具还能减少城市生活污水排放，将水体污染和处理成本控制在最低范围内。在欧洲，20 世纪 80 年代就开始普及 6 L 水的节水马桶。针对水源不足和污水处理量日渐增大的难题，纽约市为市民发放补贴，鼓励市民更换节水型便器。经过 3

年时间的推广，共更换大涌水量便器 130 万套，节水量 34 万 t/d，相当于纽约全市用水的 7%。节水器具的推广和应用将带来巨大的社会和经济利益。节水器具的推广应向全面化发展，包括淋浴设施、便器、水龙头、洁具的进水管阀等，以全方位减少人均生活用水量。

2. 工程措施

（1）加大非传统水源利用力度，建设雨水利用示范工程

以城市污水厂为中心，建设区域性再生水回用系统，用于市政、绿化、洗车、景观环境等方面，通过各系统的联通，逐步提高再生水的供应能力，最终形成再生水供应网络。积极总结经验，统筹规划、因地制宜，积极研究各种先进的处理方法、工艺，采取集中与分散处理相结合的方式，扩大再生水的利用范围。

结合城市综合体的规划建设，积极推进区域性再生水设施建设，扩大单体再生水设施的收集处理规模，降低建设、运营成本，提高再生水利用率。积极开展雨水利用科研项目，在条件比较好的区域建设雨水利用示范工程。结合城市建设、城市绿化、雨水渗蓄、防洪工程建设，广泛采用各种措施，在满足防洪要求的前提下，最大限度地将雨水就地截流利用或补给地下水，增加水源地的供水量，达到雨水资源的充分利用。一是推广城区雨水的直接利用。在城市绿地系统和生活小区，推广城市绿地草坪直接利用雨水，雨水直接用于绿地草坪浇灌及城市杂用；二是推广城区雨水的生态和环境利用，把雨水利用与天然洼地、公园的河湖等湿地保护和恢复相结合；三是推广雨水集蓄补充地下水，通过城市绿地、城市水系、交通道路网的透水路面、透水排水沟、生活小区雨水集蓄利用系统等渗入补充地下水。

（2）加强供水基础设施建设，降低供水管网漏失率

按国家有关规定，自来水管网漏失率不能超过 12%，然而在 2009 年供水管网普查数据显示，全国城市公共供水系统的管网漏损率平均达 21.5%。按此推算，全国城市供水年漏损量近 100 亿 m^3。据城市节水统计，2002 年以来，我国城市通过投入大量资金并采取各种措施，才达到年平均节水 35 亿 m^3，而每年漏损水量就相当于全国 3 年的节水量。漏水造成巨大的浪费，治漏等于开辟新的水源，并缩小引水工程投资规模。各级城市政府要加大投资改造力度，加快城市供水基础设施的建设和改造，以适应城市发展的需要。要做好城市供水管网的规划和改造工作，优化管网的布局和运行管理，采取工程、技术、行政及管理等多种措施和手段，使城市供水管网漏损率降到国家标准规定的范围之内。

对于老旧住宅小区，供水管网老化、年久失修而破损漏水现象普遍。管网漏水不仅直接影响小区的供水水压，而且浪费能源和资源，还可能产生一些意想不到的灾害。因此，对于老旧住宅小区，应加强供水基础设施的改造更新，减少管网漏水损失。而对于新建住宅小区，应结合《绿色建筑评价标准》要求，配合管网设计和管材选用，严把供水基础设施质量关，从源头降低供水管网漏水损失。

3. 管理措施

（1）建立节水型社区管理体制

政府对于城市社区节水要提供政策、资金支持；完善水资源的宏观调控机制；根据水资

源承载能力，确定城市经济结构调整方案；保障公民，特别是贫困群体基本生活用水的权利和用水安全，保障生态用水和环境用水；鼓励各行各业广泛参与，充分挖掘生活节水的潜力；对违章用水、浪费水、损坏供水设施等行为依法进行经济和行政处罚。

（2）合理确定水价，用经济手段实现节约用水

城市中长期的低水价政策，不仅抑制了城市供水事业的发展，也阻碍着节约用水工作的开展。要进一步完善水价体系，将污水处理费明确规定为水价的重要组成部分，并加大征收力度。改革单一水价计价方式，实行分类水价，充分体现不同性质城市用水特征，同时实行累进加价，控制用水量的增长。另外，要实行分质论价，鼓励中水和循环水的消费，提高水的利用效率。

（3）加强管网监测管理

确定合理的管网监测工作模式，划分重点与非重点监测区，对重点监测区连续数据采集。从小区入手，逐步扩大到整个社区的供水管网。建立管网漏水监测系统，不断提高控制漏损的能力，制定合理的监测周期，对重点管网实施监测。

主动检漏、降低漏损、定期巡查管线。制订管线巡查计划，制定合理的数据采集方式，包括车辆、人员的配备。巡线工作要建立制度，成立专业队伍，加强检漏人员的培训，提高检漏人员的素质，建立有效的考核及监督机制。检漏工作与管网及设施系统维护工作结合起来，每年定期进行普查。并有漏失原因分析，漏水量分析及水量认定。

加强管网基础管理，建立检测档案。对所测的每个漏水点的漏水量、管道属性、漏水点特征做准确记录。通过统计分析区域、道路的漏水情况，对测漏工作和管网改造起到指导作用。做好管网改造计划，旧管网附属设施及时检修更换。

加强售水计量管理，推广应用新型智能水表。保证售水量的准确性，建立水表和用户信息管理系统。实现对用户及计量水表从安装开始的全过程管理，按周期性换表，实行有效监控，实现水表远程监控系统，建立有效的管理制度，提高漏损率计算的准确性。

在供水管网 GIS 系统上完成漏失监测记录仪在监测区的布设方案，在小区测试的基础上，可以向整个社区的管网开展监测工作，在漏失监测点初步布设方案的基础上，开展监测点位优化工作，以合理利用记录仪的监测半径，发挥系统的最大效益。同时对独立计量区建立分区原则，进行 GIS 与监测管理系统二次开发。

通过对小区供水水量进行现场测试，以及供水管网漏失监测系统的应用，实现供水管网有效控制，减少管网漏损率。基于 GIS 平台实现管网动态管理，提高应对突发事件的能力，制定出相应的运行管理机制，取得良好的经济效益和社会效益。

4. 教育措施

各地节水办应发挥专业优势，指导社区居委会、街道等开展节水宣传活动，通过宣传节水成效、提供节水政策、节水知识咨询和家庭节水指导等，倡议广大居民从家庭节水做起，从节约每一滴水做起，争创节水型家庭，进一步提高居民的节水意识。

通过节水宣传教育来强化居民节水观念，改善不良用水习惯，具有不同于节水的技术手

段、经济手段的特殊管理作用。节水宣传教育可以潜移默化地影响并改变居民用水习惯，从根本上减少用水浪费。节水是全社会的义务，要动员各方面的力量，利用多种渠道广泛做好宣传工作，努力营造"节水光荣，浪费水可耻"的良好氛围。

6.5 乡村节水模式及实施路径

6.5.1 乡村节水模式

1. 乡村用水特点

目前，大中城市居民节水意识有所提高，在城市工业节水、家庭节水等方面已初见成效，但乡村节水现状令人担忧，通过对我国部分乡、镇、县水资源变化情况的调查发现，乡村居民普遍存在着节水意识淡薄，用水方法陈旧落后，节水设施、器具不健全，水资源利用效率低下，政策和资金支持不足等问题，主要体现在两方面用水，农业用水和乡村生活用水。

农业用水是农村用水的主要方面，也是水资源浪费的"罪魁祸首"，据最近几年数据显示，农业用水占全国总用水量的80%左右，其中，农业灌溉用水约占农业用水的80%，而且农业灌溉技术落后，滴灌、喷灌等先进技术普及率很低，大多是流行漫灌，水资源浪费十分严重。

乡村居民生活用水目前大部分是自备水源，用的是廉价的地下水，不仅水质没有保证，而且存在严重浪费，因为自备水源是不需要交纳水费的，在思想上形成了浪费水资源的习惯。乡村居民生活用水的另一个浪费的主要因素是节水器具的普及率很低，比如像节水水龙头、节水马桶、节水洗衣机等这些节水器具还没有真正走进村民的日常生活。

2. 乡村节水关键环节

如前所述，我国农业用水占全国总用水量的80%左右，而其中农业灌溉用水又占农业总用水量的80%左右。由于灌溉技术落后，我国农业灌溉用水的利用率很低。近年来虽然灌溉农业发展很快，但是农业用水的水平还很低，渠系利用系数全国平均不到0.4，灌溉水量的有效利用率只有35%左右。因此，改善和提高已有灌区的灌溉水平，提高农业灌溉用水有效利用率，是农业节水的首要任务，也是乡村节水的关键环节。

3. 乡村节水现状

为了推进乡村节水进一步向前发展，国家财政和地方财政先后投入很多资金，支持乡村节水建设和发展。为了建设300个节水示范县，国家投资250亿元，国家农业发展银行和中国农业银行发行专项贷款53亿元，群众自筹资金127亿元，地方政府及各级财政投入专项资金约70亿元，另加总共的贴息资金3.16亿元。看似数目巨大的资金，但是这远远不够，平均每个县不足1.7亿元，要是平均到每亩地或者每户人家更是少得可怜，很难支持乡村发展节水农业及相应的节水基础设施的建设。

随着乡村教育水平的提高，关于节水的理念和重要意义也逐步深入到乡村居民中，现代网络媒体、电视、报纸等其他媒体积极地报道和宣传，也在促进着乡村节水的稳步发展。

尽管乡村节水工作取得了一定进展，但仍有以下诸多不足之处。

（1）节水法规制度建设不健全，未形成水市场，缺乏强有力的政策支持

虽然我国近期大力推动节能减排，也出台了一系列的包括节水在内的节能条例，但不可否认的是，我国节水法规制度方面的建设很不完善，尤其灌溉用水的市场机制不健全。其次，农用水价偏低，未形成水市场，调节手段单一。再次，政策扶持力度不够，优惠措施不到位，不利于节水灌溉工作的实施。

（2）多头管理导致"水乱"，影响节水灌溉推广

首先，地方水务存在多头管理的问题，出现"城乡分割、职责交叉、多头治水"等弊端严重，在水资源与供水管理、排水与河道管理、河涌综合整治涉及的截污、堤岸建设和环境、绿化工程、城市供水与乡村供水、涉水工程审批等环节上权责不明，政事和政企不分，严重影响了节水灌溉的推广。其次，重建设、轻管理仍然是长期以来没有解决好的问题。

（3）农民群众的认识程度低，不具备水资源危机意识

很多地方老百姓养成了"一条土渠一把掀，开个豁子随便浇"的大漫灌思想，认为"有河就有水，挖井就有水，水是用不完的"，对水资源缺乏认识不到位，没有水资源危机意识，节水意识淡薄，导致了抵触情绪。又由于节水灌溉将打破以往农作方式，这也给农民群众带来了新问题，因循守旧的思想促使着他们抵触此类工程。

（4）灌溉技术落后

农田灌溉用水占乡村用水总量的80%，是绝对的用水大户。然而目前在我国大多数乡村地区，很多新型节水灌溉技术还未普及，农田灌溉还沿用着传统的地面灌溉方式，虽然这种方法投资少、能耗低、操作简单、费用低，但是水资源浪费严重。

（5）农田水利设施落后

我国乡村农田水利基础设备较为落后。首先，勘测不到位、规划不合理、设计的时间不充足、更重要的是资金的短缺导致了工作条件的简陋，这一系列的问题都使得水利工程很难管理。其次，由于需要实施水利工程的范围太大，资金不足，改造目标虽然已经实施好多年，但是仍然处于改造干渠和分渠的状态。这使得其他支渠没有得到改造，再加上没有进行用水量的准确计量，这样的水利工程难免会出现漏水、跑水的现象，使得水资源浪费。最后，由于我国对水利工程建设的投入较少，使得农田水利工程未能得到很好发展，因此，也难以有效发挥农田水利设施的节水效果。

6.5.2 乡村节水模式实施路径

1. 技术措施

（1）发展节水灌溉技术

目前状况我国农业用水浪费十分严重，同时农业缺水的问题也逐渐显现出来。农业灌溉

用水量占农业用水量的 80% 左右，所以发展节水灌溉技术对于乡村实现节水意义重大。解决农田灌溉用水浪费问题的关键是要转变人们的观念，让他们意识到传统的灌溉方法缺陷，让他们了解科学技术、新的灌溉方法的优越性。大力推广渠道防渗技术、管道输水技术、畦灌及沟灌技术、微喷灌技术、喷灌技术、集雨节水灌溉技术、"坐水种"技术、抗旱保水技术、管理节水技术等，这些新的高效节水的灌溉技术，对实现节水灌溉意义重大。

① 渠道防渗技术。采用渠道防渗技术后，渠系水的利用系数由 0.4~0.5 提高到 0.75~0.85。此外，渠道防渗技术还具有加大过水能力、减小过水断面，有利于农业生产抢季节、节省土地等优点。渠道防渗是当前节水灌溉技术推广的重点。根据渠道防渗所使用的材料进行划分，目前主要采用混凝土衬砌、浆砌、石衬砌、预制混凝土与土工布复合防渗等形式。

② 管道输水技术。管道输水具有节水、输水迅速、省地、增产和有利于抢季节等特点，与土渠道比较，管道输水的利用系数可提高到 0.95，节电 20%~30%，省地 2%~5%，增产幅度 10% 左右。

③ 畦灌及沟灌技术。畦灌是耕地经平整后利用畦埂将田块划分成小块进行灌溉；沟灌是耕地经平整后，以一定距离开成一道道输水沟，灌溉水通过水沟进行灌溉。畦灌、沟灌都是对大水漫灌方式的一种改进，以达到节约灌溉用水的目的。由于该技术简单、投资省、农民易于掌握，目前在全国已大面积推广。

④ 喷灌技术。喷灌可使水的利用率达到 80%。由于取消田埂及农毛渠，一般可以节省土地 10%~20%，作物增长幅度可达 20%~30%。此外不需平整耕地、修建田间农毛渠和打埂，不但省工省力，而且有利于农业机械化、现代化。目前在我国推广的喷灌形式主要有轻小型喷灌、固定式喷灌、移动管道式喷灌、卷盘式喷灌、大型喷灌等。

⑤ 微灌技术。微灌将水和肥料浇在作物的根部，它比喷灌更省水、省肥。当前在我国推广的主要形式有微喷灌、滴灌、膜下滴灌和渗灌等。膜下滴灌具有增加地温、防止蒸发和滴灌节水的双重优点，节水效果最好。

⑥ 集雨节水灌溉技术。通过修建集雨场，将雨水集中到小水窖、小水池等小微型水利工程中，再利用滴灌、膜下滴灌等高效节水技术进行灌溉。集雨节水灌溉工程可以使干旱缺水地区群众同平原地区一样发展"二高一优"农业，走上脱贫致富之路。

⑦ "坐水种"技术。在一些干旱缺水地区，春播时常因春旱出不了苗或出苗不齐，为保全苗，采用机械或用水箱、水袋拉水在播种时进行点灌，俗称"坐水种"，这种方法投资少、简单易行。

⑧ 抗旱保水技术。抗旱保水技术主要包括在农田推广使用国产的抗旱剂，以及通过地膜和秸秆覆盖等农艺措施增加土壤对天然降雨的蓄集能力和保墒能力，减少作物蒸腾，提高抗旱能力。

⑨ 管理节水技术。采用科学的灌溉方式，达到节水的目的，主要有：根据农作物需水量和对土壤墒情的监测，进行适时适量的科学灌溉；对灌溉用水进行科学合理的调度；通过调整过低的水价，改革用水管理体制，让农民参与管理，提高农民节水意识。

（2）调整农业种植结构

对于不合理的农业种植结构，要对其进行合理调整。推广节水高产的农作物，将那些耗水量多、低产量、经济效益低的作物淘汰。同时根据当地的水资源情况选择合适、高产、经济效益高的作物进行耕作。为了达到节约水资源的目的，要鼓励覆盖秸秆，大力提倡免耕和适当休耕。

（3）推广节水器具使用

乡村生活用水也是实现乡村节水不可或缺的一部分，由于我国广大乡村地区经济比较落后，用水模式不科学和节水器具普及率很低。例如，陶瓷密封片系列水嘴，感应式水龙头，节流水龙头，延时自动关闭水龙头，手压、脚踏、肘动式水龙头，停水自动关闭水龙头，节水冲洗水枪，电磁式淋浴节水装置，节水型坐便器（可分为虹吸式、冲落式和冲洗虹吸式3种），感应式坐便器，改进型低位冲洗水箱，改进型高位冲洗水箱，免冲式小便器，感应式小便器等，这些先进高效的节水器具还没有真正走进乡村居民的生活。这些节水器具的节水效果十分显著，如那些节水龙头的节水率要比普通龙头高出80%～200%，以便器水箱为例，目前相当一部分住宅使用的是 13 L 的水箱，以居民 3 口之家计算，每天假定使用 15 次，每天冲马桶用水 195 L，每个月就耗水 5.85 m³。如果采用 6 L 节水型便器分档冲洗，使用照常，每月耗水量仅为 2.25 m³，节约用水率可达 62%。

2. 工程措施

（1）推进集中供水工程建设

目前我国广大农村实行的分散式供水模式，即乡村居民自家自备水源，这种取水、用水模式很难集中管理，农村这种自给自足的分散式供水，用水效率不高，时常会发生水泵漏水、管道开裂、水桶洒水等浪费现象。此外，乡村居民潜意识地认为自家的水源是"取之不尽，用之不竭"，不会自觉践行节水的义务。

乡村应该大力发展集中供水工程，这样不仅可以保证水源的质量，还可以集中管理，鼓励节约用水。2011 年《中共中央国务院关于加快水利改革发展的决定》强调指出，要积极推进集中供水工程建设，提高农村自来水普及率。目前，我国农村集中供水的普及程度较低，而且规模普遍偏小。因此，应鼓励各地因地制宜地推行适度规模集中供水，从实践来看，适度规模集中供水要求人口适度集中，提高人口集中度，可以提高供水效率，保证供水质量。

（2）加强农田水利工程建设

农田水利基础设施是农业、农村经济的基础性设施，是发展农业的物质基础，在改善农业生产条件、保障农业和乡村经济持续稳定增长、提高村民生活水平、节约用水、保护生态环境等方面具有不可替代的重要地位和作用。当前农田水利工程建设存在一定的困难和制约因素，农田水利建设滞后成了影响我国农业稳定发展、国家粮食安全、乡村有效节水的最大硬伤。《中共中央国务院关于加快水利改革发展的决定》明确指出，要"把农田水利作为农村基础设施建设的重点任务"，要"突出加强农田水利等薄弱环节"、要"大兴农田水利建设"。为更好地落实《中共中央国务院关于加快水利改革发展的决定》有关精神，财政部、水利部又联合启动了第三批小型农田水利重点县建设项目。至此，全国农田水利重点县已达1 250 个，各省以实施小型农田水利重点县建设，为平台开展了高标准农田水利工程建设。

3. 管理措施

乡村用水存在浪费的原因，除了节水技术和节水工程基础设施落后外，另外一个不可忽视的因素是，用水管理存在很大的漏洞。为加强乡村节水，从管理角度思考，可以采取以下措施。

（1）明确水权归属，调整农业用水价格

明确水资源的产权，要在了解水资源使用的责任、权利与利益的基础上，明确农业灌溉用水的所有权和使用权，在水资源所有权归属国家的前提下，各级政府根据各地不同的情况对水资源进行产权界定。各乡镇政府还要与农户关于灌溉用水的使用进行协调，采取一定的措施将水资源纳入市场体系之下，并且按照相关的规定进行合理的运作，将水资源商品化，用市场经济手段对水资源进行合理的配置，以达到切实提高农业灌溉用水利用率的目的。同时，关于农业用水价格的调整，要切实依据相关的法律政策和各地农民经济收入的实际情况进行相应的调整。

（2）加强乡村用水计量收费管理

① 加强农业灌溉用水计量。如农业灌溉用水，自从免除农业税以来，从直观上看，国家不再向农民征收"水费"，很多村民潜意识地认为灌溉用水是不需要再缴费，造成了部分村民肆无忌惮地浪费水资源。推行农业灌溉用水计量模式，是一个很不错的举措。农业灌溉用水计量模式是一个全新的概念，它涉及用水量计量方式、用水量定额、水价计算方式和计费方式等多种管理策略，这种用水模式对用水的计量方式（如水表计量、用电量计量等）作出明确规定，对用水定额的标准也作了说明，最后还明确了水价的计算方式。这种用水模式，彻底改变了农民的用水理念，如从"无偿"用水到"有偿"用水观念的转变，从用水不计量到用水计量转变等，因此，这种管理模式能在很大程度上解决用水浪费的问题。

② 推广乡村生活用水计量收费管理。在乡村推行生活用水定额管理、计量收费管理方式，实施 IC 卡用水，年初按用水户定额，一次卖给用水户一年的生活用水量，价格执行成本价，一旦用水户在本年内用光定额水量后，再次买水则执行阶梯加价水费。这种方式有利于改变"包费制"带来的负面影响，如北京市海淀区门头村在村委会试行计量收费管理后，日供水量 400 t 即可保障全村供水，节水率达 40% 以上，效果明显。因此，各乡镇应采取有效措施，发挥村委会、村民供水管理的积极性和能动性，针对乡村生活用水推广实行"定额管理、用水计量、有偿使用"的管理原则，建立乡村生活用水管理体系。同时制定、完善计量收费管理制度，推进乡村生活用水管理和计量收费工作，利用经济杠杆促进节水。

（3）加强农田水利工程管护

农田水利设施点多面广，设施形式多样。尽管近年来各级政府采取农业综合开发、土地整理、"民办公助"、"一事一议"奖补等措施，加大农田水利设施维护改造和建设力度，但是仍未从根本上解决我国多年来乡村水利基础设施在运行和管理中积累下来的矛盾和问题。针对农田水利设施管护中存在的问题，各级政府和相关部门应高度重视，进一步强化工作措施，建立农田水利设施的建、管、用长效机制，确保农田水利设施正常运行，发挥农田水利基层设施对灌溉节水的效益。

① 落实管护责任。农田水利设施要按照"分级管理、分级负责"，"谁投资、谁建设，谁受益、谁管护"，"公益性和准公益性设施由公共财政负担"的原则，分别明确市、镇、村的管护责任。成立市小型农田水利设施管护领导小组和办公室，负责指导全市小型农田水利设施的管护工作。各乡镇成立相应管护机构，负责本辖区内跨村小型农田水利设施的管护工作，并检查指导各村小型农田水利设施的日常管护工作。村成立村级小型农田水利设施管护协会或农民用水协会，具体负责本村农田水利设施的管护工作。各有关部门组织实施的小型农田水利设施竣工验收后，由各有关部门直接向工程所在地乡镇和村或协会办理工程及管护工作移交手续，由乡镇和村指定专人进行常态化、规范化的管护。

② 健全管理制度。建议各地出台适合本地的农田水利设施管理办法，明确管护机构及职责，完善管护标准，规范管护资金的筹集、使用和管理，指导当地农田水利设施管理工作。当地水利部门和各乡镇要指导基层制定农民用水者协会章程，建立健全水量分配、水费计收、运行管理、财务管理、公示公告等各项制度，大力推进农民用水户协会建设。

③ 筹集管护资金。农田水利工程承担着防洪排涝、农田灌溉、改善农村环境及农民生活条件等任务，具有农业生产上的基础地位和粮食安全上的战略意义，应定位于公共服务事业。各级各部门要加大对农田水利设施管理与维护的投入，引导社会资金投入。市财政每年列支一定的专项资金用于水利设施管理与维护。积极争取和整合各类农村水利建设资金，大力实施农田水利设施维修改造。维修资金要建立专门的管理账户，由上级有关部门统一管理、统一拨付。鼓励集体、个人和其他组织投资兴建、经营管理农田水利设施。强化农民作为农田水利建设管理的主体意识，发挥受益户筹资作用，市、镇财政予以适当补助。

④ 创新管护机制。一是拍卖经营权管水。对经营性水利设施，采取独自经营、承包、租赁、拍卖、股份合作等多种方式，搞活经营权，落实管护主体。特别是要发挥农村责任心强、懂经营、善管理的能人在农田水利工程管理中的作用，让他们通过承包、租赁、拍卖的方式获得经营管理权，并在水利主管部门的指导和村"两委"的监管下自主管理、自主经营，使农田水利工程充分发挥效益。二是推举"明白人"管水。对承包条件不成熟的小水利工程，由受益户采取"一事一议"的方式公推公选农村德高望重的"明白人"管水，议定水利设施管护制度，管护人与村组签订管水协议，大家议定水价，确定用水标准和用水秩序，实行有偿用水，科学用水。三是协会参与管水。进一步完善用水管水方式，受益区农民要成立农民用水户协会，独立行使所有者权益，实行"民办、民营、民受益"的管理模式，进行工程的维修、养护，建立工程良性运行机制。在条件尚不成熟的地方，可暂时由村组干部兼任协会理事长和理事，再逐步引导协会走上规范化。

⑤ 加强队伍建设。基层水利队伍在农田水利设施建设和管理中发挥着重要作用。各地

要疏通和拓宽渠道，有计划引进水利专业的毕业生充实到水利一线，以缓解基层水利专业技术队伍青黄不接问题，从源头上优化年龄、专业结构。大力提倡继续教育和终身教育，定期不定期举办培训班，努力提高基层水利队伍素质和能力，从整体上优化专业知识结构，促进农田水利设施的发展。

4. 教育措施

提高农民的节水意识是非常有必要的，让人们深刻意识到节约用水是每个人的责任与义务，在当前形势节约用水是刻不容缓的。水是生命的源泉，要大力加强节约用水的宣传，节水不容迟疑。开展"节水能够兴农、增收、防旱"的宣传，同时也要广大农村干部积极参与，提高农民节水积极性。水是农村发展的必要条件，采取一切有效措施来提高农村用水的利用率，保持水资源，实现经济的可持续发展，努力开辟农村节约用水新天地。

（1）设定节水宣传日

为了缓解世界范围内的水资源供需矛盾，根据联合国《21 世纪议程》第十八章有关水资源保护、开发、管理的原则，1993 年 1 月 18 日，联合国第四十七次大会通过了 193 号决议，决定从 1993 年开始，确定每年的 3 月 22 日为"世界水日"。决议提请各国政府根据自己的国情，在这一天举办宣传活动，以提高公众节水意识。在这一天就水资源保护与开发和实施《21 世纪议程》所提出的建议，开展一些具体的活动，如出版、散发宣传品，举行会议、展览会等，以提高乡村居民的节水意识。

（2）开展节水主题"教育实践"活动

为了进一步推进"节水型乡村"创建工作，普及节水知识，增强广大乡村居民节约用水意识，养成良好的用水习惯，以多种形式，广泛开展"节水"主题教育活动。

"实践活动"紧紧围绕日常生活中对节约用水的体验和做法，对身边节约用水行为的看法，如何从小、从现在培养乡村居民节约用水意识，养成自觉节约用水的习惯，同时做好节约用水宣传，帮助、引导、监督自己周围的人从自己做起、从小事做起节约用水，更重要的是从乡村居民的孩子入手，在校园开展征文比赛活动、主题班会和主题演讲活动。在活动中，选拔优秀作品、优秀选手积极参加上级节水主题竞赛活动。

通过系列活动的开展，让居民懂得爱水、惜水、护水、节水的重要意义，并在日常生活中养成人人、处处、时时节约用水的良好生活习惯，发扬节水护水精神，为家乡做一份贡献。

6.6 工业与服务业企业节水模式及实施路径

6.6.1 企业节水模式

1. 企业用水特点

（1）工业企业用水特点

① 工业用水量大，生活、绿化用水量少。工业是第二用水大户，工业用水主要集中在

火力发电、纺织印染、石油化工、医药、造纸、冶金、食品加工七大高耗水行业中，其中各企业用水主要为生产用水，如制造、加工、冷却、空调、洗涤、锅炉等环节。相比生产用水，工业企业中的生活、绿化用水相对较少。

② 工业废水污染严重。工业废水产生在生产过程中的各个环节，如工艺反应及原料使用一般只能达到 70%～80%，未使用的原料一部分会在不同环节转入"三废"中；有些成分复杂、回收困难的原料，也只能当作废料处理，随着废水排弃；又如炼钢、炼油、发电等企业会用到大量的冷却水，往往需要加入防腐剂等化学物质，故也受到一定污染，因此企业会定期处理或部分排放。大量工业废水直接排放是造成水污染严重的主要原因，也对人民生活、生态环境均造成不同程度的危害。

③ 工业用水重复利用率水平较低。全国工业用水重复利用率较低，一般为 60% 左右，而发达国家则为 75%～85%，与世界先进水平相比差距悬殊。国内地区间、行业间、企业间的水重复利用率也存在较大差距。如火电企业中水的重复利用率最高为 97%，而最低的企业重复利用率只有 2.4%。总体上，我国与国外先进水平差距较大，工业节水潜力巨大。

（2）服务业企业用水特点

① 服务业用水相对分散。我国经济快速发展的同时也造就了服务业的发展。目前，服务业（如酒店、洗浴场、洗车业等）均分布在城市的各个地方，呈现出多而广的特点。因此，服务业用水相对分散，规模较小，形式较多。

② 服务业企业取水行为较为隐蔽。服务业大多以个体形式存在，取水行为较为隐蔽。2011 年 8 月，媒体报道"河北省高尔夫球场偷采地下水，恢复水层需上万年"；媒体报道太原"芳芳浴池"附近村民从郊区取水，拉到热电厂用废气加热，然后再卖给洗浴场所；水利部专项行动部署，西安市水务局对西安市高尔夫球场用水情况全面调查，发现西安国际高尔夫球场取用地下水。

2. 企业节水关键环节

（1）工业企业节水关键环节

① 制定合理的用水定额。用水定额是衡量各行业、各企业用水、节水水平及考核节水成效的重要依据，对建立节水型社会，实现水资源的合理利用具有重要的保障作用。因此，通过掌握各行业和企业当前的用水水平和节水潜力，制定一个合理的节水用水定额，对节约定额的单位实行有奖措施，对超过定额单位实行加价处理，从而确保合理用水。

② 提高节水技术。节水工作需要技术支撑，按照技术措施的难易程度，各企业也根据自身条件不断地进行节水工作建设，大致可将工业节水工作分为节水管理、节水技术改造和节水技术更新 3 个阶段。节水技术更新阶段主要是在采用一般技术改造措施难以进一步挖掘节水潜力的情况下，用高新技术改进传统的生产工艺和节水方式，如发展闭路循环用水系统、更新设备、改革工艺等，以达到节约用水的目的。因此，要充分认识到节水技术的重要性，根据企业自身情况逐步更新节水技术。

（2）服务业企业节水关键环节

① 节水型用水器具。服务业企业更多的是面向消费者，由于消费者的多样性，在服务

业采用节水型用水器具尤为重要。部分城市严令必须使用节水器具，并把检查重点行业，如宾馆、酒店、旅社（馆）、招待所和洗浴行业等高耗水行业的节水型用水器具的更换和检查作为节水工作的重要一环。

② 用水计量。计量工作涉及各个领域，在企业中，计量工作的重要作用是通过对企业各种计量数据信息的形成与分析，为企业的用水管理提供决策支持。服务业多样化、复杂化的用水特点必须通过用水计量，以经济杠杆手段达到节水目的。用水计量包括各用水部位合理设置水表，洗浴行业、旅社（馆）、公共浴室、淋浴间等用水计量的精确性，误差的减少，是服务业企业节水的关键。

3. 企业节水现状

（1）工业企业节水现状

① 节水标准数量少、水平较低。目前，我国企业节水标准较少，数量上远远低于节能标准。一些标准过旧，不能反映日新月异的节水技术水平和新形势对节水管理水平的要求。标准总体水平落后，很多标准都是对现状的描述，缺乏相应的定性和定量要求，起不到应有的引导作用，也难以与相关的合格评定制度相结合，一些标准没有经过科学认证，标准水平不高，权威性不高，影响标准的实施效果。

② 节水工艺设备陈旧。在具体节水技术上，国内主要注重重复用水技术，包括冷却水及一般循环水、工艺水的节约等。这些技术在火电、冶金、石化、化工、造纸等行业都有成功应用的例子，但和国外仍有较大的差距，很难完成工业用水零增长或者负增长这一艰巨的任务。部分企业仍采取较为老旧的工艺及节水设备和器具，虽然在节水方面取得了一定的成绩，但在整个节水过程中的科技含量并不高，很多新型的节水设备和工艺并未投入使用，因此部分企业在节水方面并没有突破性的进展。

③ 指标过低，考核不严。2003 年国家公布了《工业企业产品取水定额编制通则》，从取水定额指标来看，与发达国家相比不算先进，对有些单位定的水耗指标过低，致使有些单位对节水工作不够重视，不主动挖掘潜力。基于这种情况，仍有企业的实际取水超过定额指标，只有少数企业达到了国际先进水平，其余的企业还需要大大提高对我国水资源相对贫乏的认识，自觉采取先进节水技术和节水经验，加强企业管理，力争尽早达到国家发布的取水定额指标，并通过不断努力创新，建成节水型企业。

④ 逐步开展企业节水宣传工作。自"十一五"以来，我国加强了节水宣传工作，充分利用每年的"世界水日"和"中国水周"，各企业也纷纷积极响应，广泛开展了节水宣传进企业、工厂、车间活动，将宣传标语贴到企业院内、生产车间，将宣传手册发到企业职工手中，使节水工作深入到生产一线，提高了企业领导和职工的节水意识，工业企业内部建立了健全的用水管理组织，提高了工艺节水的积极性。

（2）服务业企业节水现状

① 服务业企业用水法规不健全。目前，大部分城市具有相应服务业用水管理规定，但仍有很多地区没有服务业用水管理方面的法规，特别是偏远地区，更加不受控制，用水长期

属于粗放式管理。用水相关法规的缺失、管理的漏洞直接导致水行政主管部门执法无据可依，对浪费用水行为没有相应惩罚措施，难以推进服务业节水的管理工作。

② 服务业企业取水不规范。服务业用水来源复杂，基本的水源有自来水管网、地表水、自地下水及地下水中的是地热水。偏远地区还存在无证取水、无计量取水等违法取水行为，造成用水混乱。

③ 服务业用水定额不完善。在服务业用水管理方面，定额不完善，节水标准缺失，甚至没有针对服务业不同类型的水资源费征收标准。如高尔夫球场草坪用水水资源费征收标准参照灌溉或绿化执行，水价和水资源费标准极低，难以发挥价格杠杆的调节作用。

6.6.2　企业节水模式实施路径

1. 技术措施

（1）提高水资源重复利用率技术

发展重复用水技术的关键是水的处理技术和回用技术。按不同工艺对水质的要求，采取不同的水处理技术。对于工艺过程产生的杂质较单纯且易去除的废水，应采用分散式废水再生技术，再生后循环使用。对于工艺过程产生的一类杂质类似的废水，应单独收集处理后循环使用。对各种过程产生的不宜采用分散式再生或半集中式再生的废水，应采用集中式废水处理，并应考虑其循环再利用。

（2）提高冷凝水的回收再利用技术

冷凝水包括锅炉蒸汽冷凝水、各种工艺冷凝液、透平凝结水等。火电、炼钢、炼油等工业企业在生产制造过程中会产生大量的冷凝水，冷凝水的回收再利用是节水节能的体现，冷凝水回收率是工业用水重复利用率的组成部分，应根据工艺采用的技术要求，通过加工处理使其水质达到回用冷凝水标准，不断提高冷凝水的循环利用率。

（3）发展"零排放"技术

"零排放"是指工业废水达到微排放。要实现企业废水的零排放，需采用各种技术的组合。由于"零排放"技术需要较高的资金投入，目前在我国还没有得到普遍认可，但随着技术成熟化和设备国产化的提高，设备价格会有所下降，其应用也将得到普及和推广，企业应积极引入"零排放"技术，特别是工业企业，应起到带头做到外排废水量最小化的作用。

2. 工程措施

（1）节约水资源的工程措施

在火力发电、纺织印染、石油化工、医药、造纸、冶金、食品加工等工业企业载体建设方面，切实加大企业节水工艺和设备实施力度，加大循环用水系统、串联用水系统和回用水系统中的管道，以及对供水管网检测维修等工程建设，提高企业用水效率；在宾馆、酒店等服务性行业，大力推广节水型龙头、便器系统、沐浴设施等，切实提高城市的用水效率。

（2）测量用水量的工程措施

目前，城市用水、企业用水都实行一户一表、一单位一表，通过按计划供应，超计划累计加价的办法有效促进节约用水。工业企业、大型文化、宾馆、饭店、商场等应根据用水性质类别，分别安装计量设施，执行不同用水价格。根据用水测量规定，总取水、非常规水资源水表计量率应为100%，主要单元水表计量率为90%，重点设备、重复利用水系统水表计量率为85%；控制点要实行在线监测，杜绝"跑、冒、滴、漏"等浪费水的现象。

3. 管理措施

（1）加快节水技术资金投入

企业节水量大面广、情况复杂多样，除提高节水认识外，还需要大量的先进技术、工艺及设备，这就需要一定的资金投入，而且随着节水工作的开展，水重复利用率的提高，技术要求也越来越高，节水投资要求也相应增大。因此，应通过财政补贴等方式，增列专项资金，加大节水技术改造和工业节水科研的资金投入，每年从超计划加价水费中，提取一定比例的资金，建立节水基金，鼓励、支持节水技术改造和新技术的推进应用，扶持促进节水工作的开展，以促进工业节水良性循环。

（2）健全水资源管理制度

为了加强企业用水管理，必须建立必要的机构与用水管理制度，完善用水计量系统；如制定和实行用水定额制度；健全水价及计收管理制度；实行节水奖励、浪费惩罚制度；建立用水考核制度等。通过水资源管理制度体系的建立，进一步减少工业用水量，促进节水型社会的建设。

（3）定期进行企业水平衡测试

水平衡测试是对用水单位进行科学管理行之有效的方法，也是进一步做好城市节约用水工作的基础。通过水平衡测试能够全面了解用水单位管网状况，找出水量平衡关系和合理用水程度，从而采取相应的措施，达到加强用水管理，提高合理用水水平的目的。因此，按照《节水型企业评价导则》，有计划地开展企业水平衡测试，是提高企业用水管理水平，促进企业节水的有效方法之一。

（4）加强用水考核

建立健全企业、部门、车间、工段等各级用水管理的规章制度、管理办法和实施措施，做到用水计量日清月结，用水考核稳步进行。为满足企业、部门、车间、工段用水管理、计量和考核的需要，企业严格遵循《企业水平衡测试通则》（GB/T 12452—2008），按需安装用水计量仪表，三级水表计量配置率应达到95%以上。企业、部门、车间、工段每日应定人、定点抄表计量，并将计量结果输入公司局域网内，合理调度水量，每月对各部用水进行考核，真正做到用水计量日清月结。

4. 教育措施

当前社会公众普遍对节水的紧迫性和必要性认识不足，公众的节水意识不强。教育措施目的就是要人们认识到水资源危机的严重程度和根源，提高公众节水的自觉性。国外实践证明，通过加强宣传教育，可以改善环境意识，强化公众珍惜、保护水资源的意识，促进节水决策和行为。为进一步激励节水工作，我国每年5月15日所在周定为节水宣传周，各省市、各单位可通过报刊、广播、电视等新闻媒体及发放节水宣传材料、张贴节水宣传画、小标语、举办节水知识竞赛等手段进行节水宣传，通过评选"节水先进企业"，树立节水先进典型，企业内部加强节水的宣传教育工作，全面树立节水意识。

6.7　高等学校节水模式及实施路径

6.7.1　高等学校节水模式

随着我国高等学校的数量和办学规模的不断扩大，高校用水量在我国用水量总量中占据着越来越大的份额，高等学校已经成为全社会的用水大户。所以，高校节水也日益成为节水的重点。

1. 高等学校用水特点

高等学校虽然是城市用水大户，但其用水结构较为简单，主要包括教学科研用水、学生生活用水，以及校园景观、绿化灌溉用水等。

教学科研用水主要是科研实验用水、教学楼的冲厕用水、热水器用水等；学生生活用水主要是学生宿舍的盥洗用水、冲厕用水、公共浴室用水等；校园景观用水主要是校园内的喷泉、人工湖等景观的用水；绿化灌溉用水主要是校园内的花、草、树、木的灌溉用水。高等学校主要用水单位的用水构成见表6-2。

表 6-2　高等学校主要用水单位的用水构成

	用水单位	用水量百分比/%
教学区用水	教学楼、办公楼、图书馆	9～12
	实验楼	4
	体育场地	5
	供暖补水	4～6
生活区用水	学生宿舍	36～44
	公共浴室	6～12
	食堂	10～12
	其他	5

2. 高等学校用水关键环节

从表6-2中可以看出：学生生活用水占高校用水量的比例最大，是高校节水工作的重中之重；其次是食堂用水。

3. 高等学校节水现状

当前，大部分高校都比较重视节水工作，很多高校针对用水量大、用水浪费等问题，从各个方面制定与实施了一系列节水措施，取得了一些成效，但也存在一些问题，主要体现在以下几个方面。

（1）用水设施器具落后

我国的许多高校建校历史悠久，地下供水管网和供水设施陈旧，年久失修，漏损现象很严重。高校的用水设施大多也都比较落后，一些高校的旧式教学楼和宿舍楼里，还在使用螺旋上升式水龙头，"跑、冒、滴、漏"现象普遍；公共厕所很多仍在采用高位自动冲洗水箱，这种水箱不论是否有人在使用卫生间，水箱充满水后便自动冲洗，浪费较大，也有部分卫生间大便池改造后采用了延时冲水阀，但是一次释放水量较大且不可控制。有些高校的公共浴室淋浴采用冷热水的混合的双管系统，每次开启配水装置时，为获得适宜的水温，都需反复调节，增加了无效耗水量，很多淋浴喷头已使用多年，有些喷头早已坏掉，并且完全失去了作用，这样，淋浴就像是在使用水龙头淋浴，造成了很大的、不必要的浪费。为提高学生的节水意识，很多高校建立了智能型节水计价系统，在学生开水房、饮水机与浴室均安装了 IC 卡（射频卡）式智能收费系统，按实际使用量计费，该系统的建立，在不影响学生用水便利性的前提下，通过合理收费来提高学生的节水意识，起到了一定的效果，但是也有其不合理的地方，如热水出水龙头水量大小差异很大，水量大的水龙头接 3.2 L 的一壶水需要不足 0.1 元，而水量小的水龙头则需要 1 元以上，相差 10 多倍，尤其是有些教学楼和宿舍楼的小型饮水机，由于其容量较小，连续出水的过程中在后期水流将越来越小，不光花钱多，还浪费时间。有些高校的草坪还在采用"大水漫灌"的方式进行灌溉，极大地浪费了水资源，虽然不少高校已经安装了草坪微喷系统，但微喷控制面积占总绿化面积的比例并不高，而且已经安装的喷头也有应该改进的地方，如道路两旁的微喷经常把水喷到路面上，不能全部喷到树木和绿地。

（2）中水回用不足

中水是国际公认的"城市第二水源"。中水回用不仅可以解决污水对城市环境的影响，还可以提高水资源的可用总量，是污水资源化的重要措施之一，具有开源和减污的双重功能。在高校进行中水回用具有很大优势，学生宿舍区排放的生活污水，具有排放量大，排放点集中，易于收集的特点，这些污水经简单的污水处理工艺后，就可作为杂用水，用于绿化、景观等用水。但是，在我国众多的高校中，建设有中水回用设施的高校少之又少，虽然有些高校建设了中水处理站，但中水处理能力不足，中水水量无法满足需求，冲厕、绿化用水仍有部分采用自来水，增加了新鲜水使用量。同时，超过中水站处理能力的浴室洗浴水、盥洗间洗漱水直接排入下水道，增加了废水排放量。

（3）节水意识淡薄

长期以来，水费由学校统包，用水量多少与学生个人并无利益关系，这使得许多学生缺乏节水意识和动力，学生浪费水现象较严重，例如，有部分人常常开着水龙头洗漱，用水不加节制；更有甚者，有意或无意地在用水之后不关闭水龙头；学校偶尔停水后，学生常将水龙头开到最大，导致来水后水龙头一直出水，宝贵的水资源大量浪费；有些学生看到"跑、冒、滴、漏"现象，也都视而不见……学生的节水意识亟待加强。

（4）节水管理体制欠缺

高校对节水管理工作的重视程度普遍不够，大部分高校只是用水处张贴一些标语来提醒学生节约用水，并没有开展其他形式的节水教育宣传活动，更没有建立用水、节水监督管理制度，没有设立专门的节水管理机构负责开展、指导日常节水工作。

6.7.2　高等学校节水模式实施路径

节水型高校是建设节水型社会的有效载体，是保障水资源可持续利用的重要途径。高校应根据当前水资源形势发展的迫切需要，积极探索节水实施路径，乘着"创建节水型高校"东风，进一步做好高校节水工作，为创建节水型高校、节水型城市、节约型社会作出应有的贡献。

1. 技术措施

节约用水在很大程度上要借助于节水器具和设备，因此，为有效合理地节约利用水资源，高校应加强节水型器具的推广和使用，有计划、有针对性地更换现有不符合节水标准的用水器具。

（1）推广节水型水龙头

水龙头是学生宿舍应用最广泛、数量最多的用水器具。现在推广使用的节水型水龙头多为陶瓷磨片密闭式水龙头，其密闭性好，启闭迅速，滞后时间短，使用寿命长，且在同样静水压力下，其出流量均小于普通水龙头的出流量，节水效果好，节水量为 20%～30%。此外，非接触自动控制式、延时自闭式、脚踏式等节水型龙头也是不错的选择。如北京理工大学在教学楼和学生公寓安装了节水型水龙头和冲便器，节水达到 40%。

（2）推广节水型淋浴设施

首先，学生浴室供水系统应改造为单管恒温供水，喷头出水是已调和温度的水，可节约调节淋浴水温时的不必要用水量。其次，推广使用智能卡式、非接触自动控制式、延时自闭式、脚踏式等淋浴装置。现在已有许多高校采用 IC 智能洗浴设备，刷卡消费，用水量和学生自身利益挂钩。实践证明，节水效果显著，人均用水由 140 L/次降为 85 L/次，节约了40%。如华中科技大学在西区安装了智能淋浴控制器后，浴室用水由原来的日耗水 450 m³ 左右降到最高日耗水 240 m³ 左右，水量下降了 46%，洗浴人数也由原来的每日最高 2 000 人提高到 3 400 人。

（3）推广节水型便器设施

在厕所推广节水型的厕所冲洗水箱，8 L 以上的高位水箱可改造为 3～6 L 节水水箱，或者使用延时自闭式冲洗阀和光电控制冲洗阀，可以省去冲洗水箱而直接利用管道冲洗，避免长流水现象。对于小便器长流水冲洗，可以改为红外感应装置冲洗等。

（4）推广安装计量水表

在学生宿舍及公共卫生间安装水表也是节水的重要措施，高校应最大可能地做到"一室一表，计量到人"。如天津财经学院在学生公寓的卫生间里安装了水表之后，学生平均每人每月的用水量从 4.5 m^3 迅速下降到 1.8 m^3。

（5）推广节水型绿化浇灌系统

在绿化浇灌方面，一方面，应最好采用中水或雨水，减少自来水的使用。另一方面，可采用高效、可调节浇灌范围的水龙头，以及先进的浇灌技术和设备等达到节水的效果。目前较为合理的就是滴灌、喷灌技术，据统计，使用滴灌技术后，节水率可达到 99%。但是，滴灌的使用对水质要求较高，资金投入力度也较大。相比之下，喷灌是目前比较适合高校校情的，据测算，喷灌形式对水的有效利用率在 80% 以上，比地面灌溉节约 30%～50% 的用水量。如北京理工大学投入 32 万元安装了绿化微喷灌溉系统，节水达 60%。

2. 工程措施

高校应重点加强给排水管网等用水基础设施的维护和改造，开发建设污水、雨水等非常规水资源的回收利用设施，大力开展再生水的处理回用。

（1）改造给排水基础设施

高校应加强给排水的基础设施建设，包括水资源基础工程设施的开发建设，以及设备用具的安装。在安装合格的计量设施的基础上，应侧重于管道的检漏，要对校内布局不合理、陈旧落后的给水排水管网按照安全、节能、满足计量等要求进行改造，减少管网漏损。

（2）生活污水处理与利用

中水的合理利用是污水资源化的重要措施之一，具有开源和减污的双重功能。各种排水水质的测试资料表明，淋浴排水、盥洗排水、洗衣排水比其他排水污染浓度低，属于优质排水，是很好的中水水源。高校的生活污水大多为学生宿舍的盥洗、淋浴用水，具有排放量大、排放点集中、易于收集的特点，这为中水回用提供了有利的条件，并且这些生活污水的污染程度较低，经简单的污水处理工艺后，就可以作为杂用水，用于冲厕、道路浇洒、绿化等。因此，可以在高校内部铺设中水收集回用管网，将学校排放的生活污水集中收集，并经过简单的处理后，用于冲厕、道路浇洒、绿化和景观用水等，使水资源得到循环利用，提高水资源利用率。例如，北京师范大学于 2002 年建设了中水处理站，日处理能力 500 m^3，中水站主要收集浴室的洗浴水和学生宿舍盥洗间的洗漱水，经处理后的中水用于学生宿舍楼冲厕、楼内卫生保洁、景观、操场喷洒和部分绿化等；北京工业大学利用学校洗浴污水，建成日处理量为 200 m^3 的中水处理设施，仅 2003 年就为学校节水超过 30 万 m^3；南开大学也建成日处理污水 480 m^3 的中水处理厂，为近万名大学生提供冲厕和清洁用水。

（3）雨水收集与利用

高校可采用多种途径对雨水进行收集与利用，例如，将教学楼顶、学生宿舍楼顶的雨水通过管道汇集，流入雨水收集池，再次沉淀过滤后，成为清澈干净的可再用水，再通过已建成的中水管网输送到水区的喷水池、人工湖中，或用作绿化灌溉及楼宇的清洗。此外，还可在校园绿地系统（如草坪、绿荫足球场等）中，推广绿地草坪滞蓄直接利用技术，雨水直接用于绿地草坪浇灌。再者，由于高校的篮球场、足球场和校园人行道路等大面积场地地面平整，且承受荷载相对较小，完全可以在其下方修建大型地下水库，收集、储藏雨季洪水，用于校园绿化、绿地草坪灌溉。

目前，大部分高校的中水回用系统和雨水利用工程规模还相对较小，建议借鉴已有的经验，在现有的基础上将其扩大到全校范围，并考虑将中水回用系统与雨水利用工程耦合优化，统筹考虑再生水的使用，减少管网敷设的重复和浪费，最大限度地利用再生水，真正实现校园污水的再生、再利用、再循环。

3. 管理措施

促进高校节水，离不开有效的管理措施，高校可以从以下几个方面加强节水管理。

（1）建立节水组织机构

各高校应在原有日常管理机构的基础上，创建节水型高校工作领导小组，下设办公室，负责节水管理的日常工作。领导小组通过自上而下的全员发动，定期、不定期召开专门会议，专题研究节水工作，制定详细的年度节水计划，设立专项资金，保证各项节水设施与措施落到实处，为实现创建节水型高校的工作目标提供坚实的组织保障。

（2）健全节水规章制度

各高校应根据国家有关法律、法规，并结合学校实际情况，制定具体的用水、节水规定和奖惩制度，使节水工作有法可依，有章可循。

① 用水定额管理制度。用水定额管理是水资源管理的基础性工作，是建设节水型社会的核心内容。研究建立高校学生用水的定额管理，不仅可以节约大量优质水资源，而且还可以培养学生的节水意识，有利于构建节水型校园。基于定额管理的思想，可以研究制定各类学生的自来水用水定额，并按定额进行用水管理，定额内的用水免费，超过定额则按照市场价或供水成本收费。例如，在北京师范大学，学生宿舍各个房间内没有独立的盥洗间与卫生间，无法以宿舍为单位进行自来水管理，于是，就在学生公用的盥洗间内，每3～5个水龙头设立一个智能卡读卡器终端和配套的电磁阀，学生使用自来水时，需刷校园卡后电磁阀开启，水龙头才会出水。刷卡后系统自动扣除相应的水量（以使用时长计）。智能卡读卡器终端与学校的一卡通管理系统联网，学生的用水情况通过网络发送至服务器并记录。学校每月对每位学生发放定额，该月定额用完之后则需按照自来水的市场价或供水成本收费。如果到月末定额未用完，则累积到下月继续使用。到每学期末，剩余的定额折换为金额打入学生个人账户。用水浪费的学生每月需花钱购买水量，用水节约的学生则可以在学期末得到一定的经济补偿，这种"多用付费，少用奖励"的措施得到了良好的节水效果。

② 供水系统故障举报奖励机制。学校供水系统故障时有发生，水龙头、冲水阀门常常损坏，造成了水资源的损失，且这部分损失难以计量。针对这一问题，建议在学生中建立供水系统故障举报奖励机制，学生如发现供水系统故障、漏水等情况，及时向宿舍楼管理处及有关部门举报，经核实后给予学生一定的奖励。该机制的建立，可以提高学生的积极性，使得学校可以在尽可能短的时间内发现供水系统故障，有利于供水设施的正常运行，从而减少"跑、冒、滴、漏"的损失。

③ 节水监察制度。节水监察也是一项节水管理的必需工作，监察应定期检查与不定期抽查相结合，以有效预防窃水，杜绝有形和无形的浪费。

（3）进行水平衡测试

水平衡测试是加强用水管理的一项基础性工作。通过水平衡测试，可明确学校用水状况，了解用水水平，进行合理化用水分析，找出节水潜力。目前。高校可以参照《企业水平衡测试通则》（GB/T 12452—2008）规定和要求，分以下 3 个阶段开展水平衡测试工作。一是准备阶段：收集整理有关资料，完善给排水管网图、水计量器具网络图；维修更换不合格水表，保证装表率、完好率达 100%，检测各用水单元设施的运行情况；制订测试工作计划，明确责任人和相关测试点，做到人员分工明确、工作任务明确、目标要求明确，并安排参与测试人员进行专门的业务培训和同步抄表的现场演练。二是测试阶段。选定测试期，按功能将学校主要用水区域划分为教学区、宿舍区、后勤保障区三大部分。采用水表计量法对各用水单元的用水量进行实际测试。三是总结阶段。测试外业结束后，按用水功能、用水区域、用水单元进行逐项核对，整理汇总测试数据，计算水量平衡表，绘制水量平衡图，对水平衡测试结果进行合理化分析，形成测试报告书，并经过专家审查。通过水平衡测试，可以基本掌握学校的用水状况和用水规律，为进一步完善用水管理岗位职责和用水管理制度，理顺用水管理机制，减少漏失水量，提高用水效率奠定良好的基础。

（4）建立高校节水信息管理平台

社会经济的发展，对建设节水型高校提出了更高的要求。我们要在加强节水基础技术建设的同时，通过信息化尽快实现节水管理的现代化。加快高校用户群节水信息管理控制系统的研发，实现用水管理、取水过程和节水环节的信息化监控。利用现代信息手段，建立高校用户群节水信息管理控制系统，提高用水单位及相关管理部门的日常管理水平和决策水平。采用现代化的手段，应用信息技术、计算机技术、人工智能等技术，建立水资源实时监控系统，实现水资源管理的信息化，确保对水资源的合理开发、高效利用、优化配置、全面节约。

（5）开展节水研究

节水型校园建设离不开科技的先导作用和支撑作用。高校应注重产学研相结合和科技成果转化，充分挖掘和利用校内的人才优势、学科优势、技术优势和资源优势，结合实际，开展校园节水技术集成研究和节水新技术、新设备应用，探索高校规划、建设和投入使用的节水减排新机制、新模式，加强校内外交流合作，优势互补，攻克节水难关，提高校园节水的科技水平，推进校园节水进程。

（6）引入合同水资源管理模式

合同水资源管理模式（Water Management Contract，WMC）是借鉴合同能源管理模式（Energy Management Contract，EMC）而来。合同能源管理模式是一种新兴的市场化节能模式，它是以节省的能源费用来支付节能项目全部成本的节能投资方式。这样一种准许使用未来的节能收益为设备升级节能投资的方式，不仅可以降低当前高耗能设备的运行成本，而且可以为节约型校园的可持续发展提供保障。将合同水资源管理模式引入高校的节水建设，充分发挥市场机制作用，有利于促进校园水资源管理向着节水专业化、技术先进化、管理科学化、成本节约化的方向发展。在合同水资源管理模式中，节水服务公司（Water Service Company Organization，WSCO）向客户提供专业的节水服务，WSCO 拥有一批水资源审计、水资源管理、财务融资专家及给排水、节水设备、水计量、中水处理、雨水利用等方面的专业工程师，能提供更专业的节水技术服务；WSCO 掌握着国内外最新、最先进、最成熟的节水技术和高效用水设备方面的信息资讯，因此能根据高校的不同特点，采用最适宜的技术方案；WSCO 是按照合同水资源管理机制运营的公司，一般具有节水信息广泛、项目运作经验丰富、可以成捆实施节水项目等优势，这为减少项目的前期投入、采购大宗廉价设备、降低施工费用奠定了基础；WSCO 通过计算机远程监控消息系统，实时监测分析高校的水资源消耗状况，并派出专业的现场维护与巡视人员，加强现场管理；WSCO 通过制定严格的规章制度，辅之以积极的宣传教育手段，可强化高校的节水意识，高校借助 WSCO 实施节水服务，可以获得专业节水资讯和水资源管理经验，提升管理人员素质，促进内部管理科学化。当然，要想使合同水资源管理模式在节水管理中充分发挥作用，还离不开健全的水权理论、水交易市场理论的支撑。

4. 教育措施

通过各种形式的宣传教育，提高师生员工的节水意识，是促进节水的有效途径。

① 在正规课堂教育中，教师可把节水教育与国家规定的现行课程有机融合，结合本学科的学科特点、教学任务与具体教学内容将节水理念有机融入，深入挖掘节水教育与本学科教学的结合点，使节水教育作为一门通识课程渗透到各学科领域中。

② 开展节水讲座等，系统地向学生讲授我国水资源紧缺的现状及原因，使其产生水危机意识并充分认识到节约用水的重要性，从内心深处真正地赞成节约用水，从而养成良好的节水意识。

③ 抓住每年的"世界水日"、"中国水周"等契机，举办知识竞赛、专题文艺汇演等活动，在平时开展一些有奖征集节水方案、建议、标语与漫画等活动；在学校各处张贴提示标语，启用校园广播、校刊，加大宣传力度。多视角、多途径、多场合扩大宣传范围，广泛深入地宣传节水。

节水宣传是一项长期的工作，虽然不能"立竿见影"，但只要常抓不懈，必将取得良好的节水效果。

6.8　中小学节水模式及实施路径

6.8.1　中小学节水模式

1. 中小学用水特点

中小学用水可划分为教学用水、行政办公用水、学生生活用水，以及校园绿化、景观用水等。对于寄宿制与非寄宿制中小学而言，其用量主要区别在于学生生活用水方面，其余 3 方面可归为中小学公共用水，用水量差距不大。寄宿制中小学中，学生生活用水一般包括冲厕、洗漱、洗涤、洗浴、饮用等方面用水；非寄宿制中小学中，学生生活用水一般包括冲厕、饮用等方面用水。

2. 中小学节水关键环节

学生生活用水多数是学生宿舍盥洗和冲厕用水，这部分用水占中小学总用水量的比例很大，是中小学节约用水管理的重点。长期以来，由于水费由学校统包，用水量多少与学生个人并无利益关系，这使得许多学生缺乏节水意识和动力，学生浪费水现象较严重。此外，花园式校园日趋增多，绿地、花池、喷泉等景观美化了校园，绿化用水量在中小学用水量中所占比例也是越来越大。而教学用水与行政办公用水，则一般较为稳定，在整个中小学用水量中占小部分。因此，中小学节水的关键是要管理和控制好学生生活用水与校园绿化用水。

3. 中小学节水现状

随着我国节水型社会建设的推进，节约型校园建设的开展，各地中小学节水工作有序开展，结合当地实际，因地制宜，制定切实可行的标准、办法、方案等用以指导节水型中小学建设工作，如取消中小学用水"包费制"、普及节水器具、给排水基础设施改造、加大中水和雨水利用力度、建设中小学节水教育社会实践基地、加强宣传教育等措施，成效显著。目前，在北京、上海、天津、南京、武汉、苏州等地，已涌现出一批节约用水示范学校、几百所节水型学校。

尽管中小学节水工作取得了一定的成绩，然而调研发现，我国仍然有大部分地区中小学节水效果不佳，究其原因主要表现为以下几个方面。

（1）供水设备不理想

学生用水在校园用水中占有很大的比例，目前大多数中小学采用的用水器具不节水，如采用铸铁水龙头、高位水箱冲厕装置等，不但不节水，而且容易损坏，且损坏后又不能及时维修，造成很大的水资源浪费。

（2）水资源利用不充分

校园内许多用水完全可以使用中水和雨水代替，如校园绿化用水、冲厕用水等，该方面用水量是很大的，通过充分利用处理过的污水或雨水，可以实现可观的经济效益和社会效益。

（3）管理体制不健全

学校制定的有关校园用水的制度落后，没有专门的节水组织机构，使得用水的管理存在漏洞，用水收费存在严重不合理。例如：部分学生食堂用水没有计量，没有按用水量收费；有的学校宿舍用水没有计量，没有按用水量收费等；用水设备损坏修理不及时，且缺乏管理。

（4）节水意识淡薄

虽然大部分学生都能认识到水的珍贵，但其节水意识仍然淡薄，加之学校用水不收水费，用多用少一样，因此在现实生活中并不能真正地做到节水。

6.8.2　中小学节水模式实施路径

节水型中小学是节水型社会建设的重要节水载体之一。目前我国还没有统一而明确的中小学节水建设标准，相关内容可以散见于《节约型学校评价导则》（GB/T 29117—2012）、《节水型社会评价指标体系和评价方法》（GB/T 28284—2011）等指导文件中。各地在推进节水型社会建设过程中，对中小学节水进行了大胆探索，积累了一定经验。具体如何创建节水型中小学，体现中小学节水特点，可从以下几方面着手。

1. 技术措施

节水技术措施主要是采取先进的节水技术，逐步淘汰浪费水资源的供水设备，并积极采用节水新产品、新设备。

（1）推进节水技术发展

相关部门应加大对创建学校节水项目的支持和扶持力度，新建学校优先考虑配置使用节水技术，改建学校力争改善节水技术，水务部门应积极配合，加强指导中小学节水工作，大力推广应用节水型器具，力争普及节水型器具的应用。

（2）推广节水设施使用

各地的中小学在制订发展规划时，要统筹考虑安排节水改造项目，充分利用校园基础设施建设、设施改造和维修等契机，健全用水计量设施，更换国家明令淘汰的老式、旧式用水器具和老旧供水管网，推广节水型器具，杜绝"跑、冒、滴、漏"现象。有条件的学校，应当开展中水回用和雨水等非传统水源利用。各级教育、财政、水务部门要充分发挥专业优势，从政策、技术等多方面给予指导和服务，大力支持学校开展节水改造，并优先安排节水改造项目。

（3）因地制宜促进节水设备改进

由于各地经济发展水平不一，且不同节水技术措施实现成本差异很大，因此各地中小学改进节水设备时不应忽略当地的客观条件。

对于经济发展水平较好地区的中小学，可采用目前市场上先进的节水设备。例如，教学楼水龙头可采用红外线感应式水龙头，可有效防止水龙头长流不止的现象，且无须操作、方便卫生，损坏率下降，使用寿命长；宿舍盥洗室水龙头可使用新型水龙头，使得水流呈锥状形，而不是水柱状，从而有效节约用水；校园内卫生间可采用脚踩式冲水阀替代按压式，缩短不必要的冲水时间，减少冲水用水量；浴室可采用恒温供水，并安装智能 IC 卡水控器，实现用水量与学生利益挂钩，避免"无原则"的浪费现象。

对于经济发展水平一般地区的中小学，可选用较为先进的节水设备。例如，中小学厕所可采用沟槽式全自动节水控制器，该节水控制器由带传感器的微电脑控制器和水箱两部分组成，节水控制器通过红外线感应人体信号，且当时间达到设置值时，水箱自动完成一次冲洗，从而有效避免了厕所无人时自动冲洗的浪费；寄宿制中小学浴室应采用恒温供水，并选用可自动关闭的阀门，从而有效地控制用水量。

2. 工程措施

节水工程措施的实施，主要表现在两方面：一方面是结合节水技术改造现有节水工程，以实现节约用水的目的；另一方面，通过修建节水工程实现水资源的回收利用。

（1）基础设施建设

各中小学的节水基础设施建设，大致可以可分为两个方面：一是配合节水器具、管网更新改造而实施的改造工程；二是新建中小学过程中，直接配套建设的节水基础设施。节水型社会建设开展以来，各中小学高度重视节水基础设施建设和投入，充分利用技术资源，推广运用新技术，提高了用水效率。

（2）中水利用工程

中水是指生活污水处理后，达到规定的水质标准，可在一定范围内重复使用的非饮用水。对于寄宿制中小学，学生宿舍区排放的生活污水，具有排放量大，排放点集中，易于收集的特点，而且这部分一次废水水质较好，可以考虑自行建立小型中水处理站。通过中水处理系统，可以实现部分废水的循环利用，比如用于校园内绿化、景观、冲洗便器等的用水，从而实现节约用水的目的。对于非寄宿制中小学，学校用水主要是日常教学和办公用水，用水量达不到自建中水处理站的要求，但可以根据学校周边供水条件，接入自来水管与中水管，饮用水与冲厕用水分开，实现分质供水，降低自来水取水量，节约优质水资源。

（3）雨水利用工程

雨水作为一种非传统水源，已成为缓解水资源紧张现状的重要可用水资源之一，雨水利用技术也已有了较长历史并逐步进入标准化和产业化阶段。中小学可将雨、污水管道分设，加强雨水的收集和利用，缓解用水压力。2013 年 5 月，北京市教委明确表示，按照公共建筑节能标准，北京市所有新建中小学校都必须建设雨水收集池。

3. 管理措施

节水管理是将节水技术、节水硬件配置等技术措施落实到实处的关键环节，因此，应完善节水管理制度，加强中小学节水管理。

（1）建立健全学校节水管理制度

中小学领导应把节水工作作为整个节约工作的重中之重，摆上重要议事日程，落实专兼职节水管理机构和节水管理人员，制定和完善各项节水管理制度，建立有利于节水的制约和激励机制，建立严格、科学、合理的成本核算为基础的各项管理制度，把节约指标列入年度考核评价体系之中，以制度约束用水行为，健全节水管理岗位责任制和各项节水管理制度，如维修制度、计量器具管理制度等，把节水列入校内各部门实绩考核评价体系之中，取消用水"包费制"，落实用水定额和用水计划，定期进行考核，同时安排节水监督人员，落实节水责任，并制定科学规范的用水管理制度，严格配备合格的用水计量器具、仪表，指定专人负责用水统计和管理计量，建立健全用水原始记录和统计台账，坚决杜绝各种浪费水的现象。

（2）创建节水组织机构和领导小组

各地教育局会同水务局共同成立节水型校园工作管理机构，统筹规划中小学节水管理体系，制定规范用水规章制度和工作计划，落实节水技术改造方案和措施；各中小学应把创建节水工作摆在重要位置，制订可行的实施方案，制订具体工作计划，成立工作领导小组，明确创建目标、内容、进度、措施及相关责任人职责，将工作落到实处，确保创建工作顺利开展。

（3）巩固节水型校园节水建设成果

为了巩固节水型校园节水建设成果，应建立一个专业化的管理、维修队伍，要求专业技术人员勤于对各种设备、管道进行经常的调试、保养、维修，积极做好管道的防漏、查漏及检修工作，并定期开展节水方面的培训和交流活动，加大投资及科技创新力度，在能力范围内采用节水型设备，同时各级领导应强化学校节水工作，加强节水型校园建设审批管理，确保校内基建和修缮工程的节水指标达标。

4. 教育措施

各级水利、教育、财政部门要密切合作，发挥各自优势，扎实开展中小学节水宣传教育工作。

（1）充分发挥学校教学的主渠道作用

各地各校要把节水宣传教育纳入学校德育考评之中，并在教学活动中安排与学生年龄阶段相适应的实践内容。要把培养学生的节水意识和行为，与落实《中小学生守则》和《中小学生日常行为规范》相结合，通过举办节水知识讲座、知识竞赛、主题班会、社团活动，组织学生观看节水宣传教育片等形式，向广大学生宣传普及节水知识，激发学生自主参与、自我教育的积极性。

（2）加强校园节水人文环境建设

各地各校要充分发挥校园环境在培养学生节水意识、宣传节水知识方面的潜移默化作用，借助"世界水日""中国水周""城市节水宣传周"等重要载体，充分利用校园广播、电视、网络、报纸、标语等宣传手段，加大对学生的节水宣传力度。可以通过开展节水主题征文、演讲、绘画、小发明、DV作品征集，以及学生自己创作、制作节水标语、口号或标示牌等多种活动形式，充分调动学生的节水参与意识和创新意识。

（3）将节水教育活动与学生的社会实践活动相结合

各地各校要注重整合各种教育资源，不断探索丰富多彩、生动有效的节水教育形式和手段。要在做好学生安全保障工作的前提下，积极组织学生参观当地的节水教育基地、水利工程、供水和污水处理设施，通过直观生动的体验式教育，让广大学生了解先进的节水技术、设备设施、节水知识和日常生活中的节水窍门，使学生的被动接受变为主动参与，使其成为校园内外的节水宣传员和践行者。

（4）进一步推进节水教育社会实践基地的建设

各省、自治区、直辖市水利、教育行政部门要加强协作，充分发挥好实践基地的平台作用，组织指导当地中小学校制订活动方案，按照水资源费使用管理规定，对活动组织和节水科普知识宣传等活动给予适当补助。在推进国家级教育实践基地正常运行和健康发展的同时，各地要根据当地情况，稳步推进不同层级中小学节水教育社会实践基地建设，促进中小学节水教育活动深入开展。

参 考 文 献

［1］白涛，李伟英，沈程程，等. 节水型校园建设措施浅谈［J］. 科学，2013（3）：39-41.

［2］白玉华，张兴华，章小军，等. 高校用水现状与节水潜力分析［J］. 北京工业大学学报，2005（6）：629-634.

［3］白雪，孙静，李爱仙，等. 水计量管理：水资源可持续发展的基础《用水单位水计量器具配备和管理通则》国家标准出台［J］. 中国标准化，2010（9）：52-54.

［4］曹辉. 大学校园节水管理研究［D］. 天津：天津大学，2010.

［5］曹新颖. 民用水表计量管理存在的问题及对策［J］. 魅力中国，2013（34）：376.

［6］蔡甫款，陈欣，沈仁英. 严格考核严格问责：浙江省实行最严格水资源管理制度考核暂行办法［J］. 浙江水利科技，2014（1）：16-17.

［7］常崇信，王克亚. 宝鸡市多措并举强力推进节水型社会建设［J］. 中国水利，2011（19）：39-41.

［8］陈红卫，钱明，马以春. 创建节水型高校的成功实践［J］. 城镇供水，2011（4）：58-60.

［9］陈慧婷，陶益，朱佳，等. 城市居民小区用水现状研究［J］. 中国给水排水，2013（4）：71-73.

［10］陈锦云. 广西城镇、工业取水计量及用水定额管理工作状况分析［J］. 广西水利水电，2006（1）：42-44.

［11］陈静. 水质型缺水地区节水型社会评价体系与激励机制研究［D］. 上海：华东师范大学，2009.

［12］陈书奇，杨柠. 节水型社会建设知识问答［M］. 北京：中国水利水电出版社，2006.

［13］陈晓燕，陆桂华，秦福兴，等. 国外节水研究进展［J］. 水科学进展，2002（7）：526-532.

［14］陈莹，刘昌明，赵勇，等. 节水型社会试点城市绵阳市的节水水平分析［J］. 城市环境与城市生态，2003（6）：156-157.

［15］陈哲. 节约型校园评价体系构建及应用方法研究［D］. 天津：天津大学，2010.

［16］程娜. 可持续发展视阈下中国海洋经济发展研究［D］. 长春：吉林大学，2013.

［17］崔琬苗，张弘，刘韬，等. 二元水循环理论浅析［J］. 东北水利水电，2009（9）：7-8.

［18］崔玉川，杨云龙，谢锋. 煤炭矿井水处理利用技术进展［J］. 工业用水与废水，2000

（2）：1-3.

[19] 第四批"全国节水型城市"绵阳：节水优先治污为本［J］. 建设科技，2009（23）：37.

[20] 范伟民. 加强高校节水建设，促进水资源合理利用：以山西财经大学为例［C］//全国经济管理院校工业技术学研究会. 经济发展与管理创新：全国经济管理院校工业技术学研究会第十届学术年会论文集. 全国经济管理院校工业技术学研究会，2010-12-02.

[21] 冯恺，金坦，逯元堂，等. 我国环境监管能力建设问题与建议［J］. 环境保护，2013（8）：43-45.

[22] 冯恺，金坦，逯元堂，等."十二五"国家环境监管能力建设思路与重点［J］. 环境与可持续发展，2013（2）：43-45.

[23] 付本全，王丽娜，卢丽君，等. 钢铁企业用水与节水减排［J］. 武钢技术，2012（4）：50～53，61.

[24] 傅江烨，王红霞. 节水型校园建设方案构建与实践分析［J］. 现代商贸工业，2013（17）：75-76.

[25] 甘利光，孙小琴. 我国水资源危机分析及节水型社会建设探讨［J］. 人民长江，2012（19）：12-15.

[26] 高成康，董辉，蔡九菊，等. 钢铁综合企业用水网络优化及其评价指标体系［J］. 东北大学学报：自然科学版，2010（8）：1133-1136.

[27] 高立燕，郇正玉. 加强企业用水计量管理实现节能降耗的实践与探索［J］. 工量计量，2010（5）：58-59.

[28] 高晓利，王喜连. 节水型社会建设投资机制研究［J］. 科技咨询导报，2007（18）：140.

[29] 郭璨. 人水和谐科学发展：江苏省太仓市创建节水型城市侧记［J］. 城乡建设，2010（7）：54-57.

[30] 韩梅. 科学发展观与节水型社会的建设［D］. 成都：成都理工大学，2007.

[31] 韩洁. 我国节水农业发展问题研究［D］. 长沙：湖南农业大学，2012.

[32] 胡宝林，张贡意. 济南市"十二五"城市节水重点工作分析［C］//中国城市科学研究会，中国城镇供水排水协会，山东省住房和城乡建设厅，等. 第六届中国城镇水务发展国际研讨会论文集. 中国城市科学研究会、中国城镇供水排水协会、山东省住房和城乡建设厅、济南市人民政府，2011-09-19.

[33] 黄茹. 宝鸡市城市节水型社会建设模式研究［D］. 西安：西安理工大学，2010.

[34] 姜蓓蕾，耿雷华，刘恒，等. 基于最严格水资源管理制度的水资源计量与统计管理模式浅析［J］. 中国农村水利水电，2014（4）：87-89.

[35] 姜文超，龙腾锐. 水资源承载力理论在城市规划中的应用［J］. 城市规划，2003（7）：

78-82.

［36］金倩楠. 水环境承载能力研究现状与发展趋势［C］//中国环境科学学会. 2011 中国环境科学学会学术年会论文集：第一卷. 中国环境科学学会，2011-08-17.

［37］金锐，辛长爽，刘伟忠. 天津滨海新区节水型社会建设思路探索［J］. 海河水利，2009（4）：1-5.

［38］靖娟，秦大庸，张占庞. 节水型社会建设的全方位支撑体系研究［J］. 人民黄河，2007（1）：45-46，52.

［39］郎连和. 大连市水资源可持续利用的配置与评价方法研究［D］. 大连：大连理工大学，2013.

［40］黎森. 生态博物馆利益相关者利益冲突分析：以三江侗族生态博物馆为例［J］. 中国农学通报，2012（2）：139-145.

［41］李霭君. 进一步加强节水型城市建设［J］. 北京观察，2012（6）：36-37.

［42］李明，金宇澄. 居民生活用水实施阶梯水价引发的思考［J］. 给水排水，2006（3）：107-111.

［43］李其林. 科学推进节水型社会建设［C］//中国水利学会. 中国水利学会 2005 学术年会论文集：节水型社会建设的理论与实践. 中国水利学会，2005-10.

［44］李世涌，施国庆，陈兆开. 矿区生态经济系统中的利益冲突分析［J］. 生态经济，2008（2）：54-57，62.

［45］李志伟，杨爱民. 纺织印染企业的用水计量［J］. 染整技术，2009（7）：27-31，6.

［46］连少伟，吕旺. 河北省井灌区农业灌溉用水计量模式探索与分析［J］. 农村水利，2012（30）：22.

［47］梁士奎. 非常规水资源利用关键问题讨论［J］. 南水北调与水利科技，2012，10（3）：109-111.

［48］辽宁省用水计量管理办法［J］. 辽宁省人民政府公报，2009（6）：12-14.

［49］林丽，郝有志. 节约型校园建设的低碳节水设计：以成都医学院新校区为例［J］. 2013（5）：300-303.

［50］刘丹，张乾元，王修贵，等. 节水型社会运行机制体系研究［J］. 武汉大学学报：工学版，2005（1）：94-99.

［51］刘君信. 取水计量管理工作探析［J］. 东北水利水电，2009（10）：33，64.

［52］刘平进，蒲瑞丰. 计量在节水型社会建设中的作用［J］. 甘肃科技，2008（19）：83-84，82.

［53］刘七军，李锋瑞. 对我国节水型社会建设的系统思考［J］. 冰川冻土，2010（6）：1202-1210.

［54］刘群昌，白美健，江培福，等. 高标准农田水利工程建设探讨［J］. 水利与建筑工程学报，2013（2）：22-25，55.

[55] 刘伟. 非常规水资源利用基本问题的研究 [D]. 天津：天津大学，2004.

[56] 刘文强，孙永广，顾树华，等. 水资源分配冲突的博弈分析 [J]. 系统工程理论与实践，2002（1）：16-25.

[57] 刘一丹. 衡水学院构建节约型校园的实践研究 [D]. 石家庄：河北师范大学，2013.

[58] 刘震. 节水型社会建设是节约保护水资源的有力措施 [J]. 水利经济，2009（5）：38-40，50.

[59] 马金星. 节约型校园节能监管平台关键技术开发与建筑能耗特性评价 [D]. 大连：大连理工大学，2011.

[60] 马艳芳，杨冬云，张巨福. 完善水计量系统降低水耗 [C] //中国金属学会、中国脱盐学会（筹）. 全国冶金节水与废水利用技术研讨会文集. 中国金属学会、中国脱盐学会（筹），2009-09-08.

[61] 孟江涛，张慧渊. 高校节约型校园建设思路探究 [J]. 山东工商学院学报，2009（3）：101-104.

[62] 孟谦文，郭江. 农田节水新技术研发与推广趋势 [J]. 现代农业科技，2012（22）：22-23.

[63] 欧阳念宏. 大学节约型校园建设研究 [D]. 长沙：湖南农业大学，2011.

[64] 潘元全. 加强用水计量管理　促进计划用水节约用水 [J]. 中国水运：下半月，2008（8）：145-146.

[65] 裴海琴. 用水计量技术探讨 [J]. 中国计量，2013（10）：97-99.

[66] 裴志强. 我国水市场的培育和发展问题研究 [D]. 石家庄：河北师范大学，2011.

[67] 迪兹克斯. 捕雾集水 [J]. 中国新闻周刊，2011（5）：60-61.

[68] 仇学明，杜新忠，柳林. 水权理论对水资源优化配置的影响研究 [J]. 湖南水利水电，2009（4）：41-43.

[69] 屈强，刘淑静. 海水利用技术发展现状与趋势 [J]. 海洋开发与管理，2010（7）：20-22.

[70] 建设部城市节水办公室. 全国城市节约用水工作情况 [J]. 城镇供水，1995（3）：28-30.

[71] 任春辉，李忠凯，张学道. 矿井水综合利用技术应用 [J]. 煤炭技术，2005（10）：1-2.

[72] 桑连海，黄薇，刘强. 加强取水计量管理　促进长江流域节水型社会建设 [J]. 水利发展，2007（4）：25-27，48.

[73] 邵龙. 杨凌示范区建设节水型社会的节水制度研究 [D]. 杨凌：西北农林科技大学，2013.

[74] 邵苗，邵蓊. 管网漏损控制技术在独立计量区的应用 [J]. 城镇供水，2011，增刊：218-220.

[75] 史晓鹤，殷大勇，金瑞明，等. 以勤立志以俭养德立德树人率先行动：北京市商业学校开展节约型校园建设活动纪实［J］. 中国职业技术教育，2013（16）：35-41.

[76] 水利部发展研究中心青年研究专项课题组. 关于建设节水型社会：十八大报告学习系列之二［J］. 水利发展研究，2013（5）：47-49.

[77] 宋永嘉，田林钢，李河，等. 我国节水型社会建设之探讨［C］//中国水利学会. 中国水利学会 2005 学术年会论文集：节水型社会建设的理论与实践. 中国水利学会，2005-10.

[78] 苏立坡. 高校节约型校园建设问题研究［D］. 石家庄：河北师范大学，2011.

[79] 孙福全，彭春燕，邓婉君. 上海市促进高新技术成果转化的启示［J］. 高科技与产业化，2011（10）：80-84.

[80] 孙景亮. 海河流域节水型社会建设与国外节水技术借鉴［J］. 水利经济，2008（4）：16-19.

[81] 太仓市住房和城乡建设局. 强化节水工作走资源节约型发展道路［N］. 中国建设报，2011-06-14（002）.

[82] 谭洪卫. 中国绿色校园的发展与思考［J］. 建设科技，2013（12）：25-29.

[83] 汤燕燕，张雅君. 城市节水"碳足迹"的探讨［J］. 环境保护与循环经济，2010（10）：73-75.

[84] 唐杰锋. 民族地区村寨旅游利益相关者利益冲突及协调研究［D］. 吉首：吉首大学，2013.

[85] 陶炳芳. 高校节水措施探析［J］. 低温建筑技术，2011（11）：114-116.

[86] 万冬朝，杨明，陈明华. 高校构建节约型校园的对策刍议［J］. 山西农业大学学报. 2013（12）：25-29.

[87] 万锋. 基于水循环视角的城市水价管制研究［D］. 北京：华北电力大学，2009.

[88] 王恩祥. 天津市创建节水型城市的新举措［J］. 中国给水排水，2004（1）：92-94.

[89] 王琳娜. 高校节水途径与措施［J］. 伊犁师范学院学报：自然科学版，2007（2）：32-34.

[90] 王建文，刘咏峰，邓湘汉，等. 用水计量标准化初探［J］. 水利技术监督，2009（4）：4-5，14.

[91] 王景福. 基于生态承载力的绵阳节水型社会建设研究［D］. 南京：南京林业大学，2003.

[92] 王景福. 节水型社会体制机制建设［J］. 中国农村水利水电，2003（11）：25-26.

[93] 王明权. 张掖市黑河干流区水资源承载能力与节水型社会建设研究［D］. 兰州：甘肃农业大学，2006.

[94] 王修贵，张乾元，段永红. 节水型社会建设的理论分析［J］. 中国水利，2005（13）：

72-75.

[95] 王萱，杜鹏飞，潘明杰，等. 浙江省水资源取水计量管理现状及对策 [J]. 浙江水利科技，2012（3）：71-72，74.

[96] 王永军. 水利计量工作现状与今后主要任务探析 [J]. 海河水利，2013（6）：60-61，67.

[97] 吴季松. 四川绵阳建设生态节水（防污）型社会的目标体系 [J]. 中国水利，2004（8）：27-29.

[98] 吴敏，黄苗，李青云，等. 微咸水淡化技术研究进展 [J]. 水资源与水工程学报，2012（2）：59-63，66.

[99] 徐劲草，许新宜，王韶伟，等. 高校生活节水技术与措施改进研究：以北京师范大学为例 [J]. 南水北调与水利科技，2012（3）：53-57.

[100] 徐泽珍. 我国水资源现状与节水技术 [J]. 现代农业科技，2008（16）：337，341.

[101] 许立巍，黄基霖. 高校用水特征调查及节水措施分析 [J]. 资源节约与环保，2013（6）：14-15.

[102] 杨国华. 山西省节水型高校建设研究 [J]. 中国城市经济，2011（29）：288-289.

[103] 杨晓明. 建设节约型校园的几点建议 [J]. 长春大学学报，2010（6）：124-126.

[104] 叶明生，任闽真. 建设节约型校园的制度选择 [J]. 闽江学院学报，2007（1）：137-140.

[105] 余谦，张淑萍. 我国高新技术成果转化的制约因素与对策 [J]. 宁夏社会科学，2006（1）：64-67.

[106] 俞兴东. 重庆主要耗水工业企业节水减污思路与技术途径 [D]. 重庆：重庆大学，2004.

[107] 袁凤歧. 农业节水技术扩散机制研究 [D]. 泰安：山东农业大学，2011.

[108] 袁馨梅. 关于节水型校园建设的思考 [J]. 甘肃农业，2010（11）：10-11.

[109] 岳鹏翼，宁维亮，程普云，等. 山西省规模以下工业企业用水问题浅析 [J]. 科技情报开发与经济，2003（11）：77-78.

[110] 张博炜. 煤矿开采的水文效应及矿井水合理利用研究 [D]. 杨凌：西北农林科技大学，2013.

[111] 张丹. 节水型社会评价指标体系构建研究 [D]. 西安：长安大学，2013.

[112] 张福麟，阮应君. 推进节约型校园示范建设 [J]. 建设科技，2009（10）：16-19.

[113] 张格铖. 水权理论对水资源优化配置的影响研究 [D]. 南京：河海大学，2005.

[114] 张桂花，郑迪，袁少军，等. 城市规划对城市节水的影响与作用 [C] //中国城市科学研究会，广西壮族自治区住房和城乡建设厅，广西壮族自治区桂林市人民政府，等. 2012城市发展与规划大会论文集. 中国城市科学研究会、广西壮族自治区住房和城乡建设厅、广西壮族自治区桂林市人民政府、中国城市规划学会，2012-06-12.

［115］张建伟. 北京市水资源人口承载力研究［D］. 北京：首都经济贸易大学，2013.

［116］张江汀，张建友. 对当前水资源计量管理困境与出路的几点思考［J］. 水资源保护，2003（5）：58-60.

［117］张静，王本德，周惠成. 节水型社会建设初探［C］//中国水利学会. 中国水利学会2005 学术年会论文集：节水型社会建设的理论与实践. 中国水利学会，2005-10.

［118］张强. 首批"节约型校园建设"示范高校：北京师范大学节水型校园建设［J］. 建设科技，2009（10）：32-35.

［119］张旋. 天津市水环境承载力的研究［D］. 天津：南开大学，2010.

［120］张岳. 加快非常规水资源的开发利用［J］. 水利发展研究，2013（1）：13-16，68.

［121］赵斌. 节约型校园建筑节能监管平台系统分析及功能设计探讨［J］. 广西城镇建设，2013（4）：23-25.

［122］赵红军. 高校校园景观节水的途径［J］. 当代艺术，2011（4）：70-71.

［123］赵金辉，蒋宏. 城市公共市政用水节水潜力及措施分析：以南京市为例［J］. 水资源与水工程学报，2008（3）：58-61.

［124］赵元慧. 铁岭市水环境承载力研究［D］. 沈阳：沈阳理工大学，2012.

［125］钟玉秀，齐兵强，杨柠，等. 全国节水型社会建设试点进展情况调研报告［J］. 水利发展研究，2006（1）：27-30，39.

［126］周刚炎. 以色列水资源管理实践及启示［J］. 水利水电快报，2007（5）：9-13，33.

［127］周光明，吴持能，王纪东，等. 落实科学发展观构建节约型校园：浙江高校节水节电工作现状与探索［J］. 浙江万里学院学报，2008（1）：152-154.

［128］朱婵玲. 论我国节水制度的构建与完善［D］. 河海大学，2005.

［129］朱一中，夏军，谈戈. 关于水资源承载力理论与方法的研究［J］. 地理科学进展，2002（2）：180-188.

［130］褚俊英，王浩，秦大庸，等. 我国节水型社会建设的主要经验、问题与发展方向［J］. 中国农村水利水电，2007（1）：11-15，21.

［131］左建兵，陈远生. 北京市工业用水分析与对策［J］. 地理与地理信息科学，2005（2）：86-90.

［132］国务院办公厅. 国家农业节水纲要：2012—2020［EB/OL］（2012-12-13）. http：//www. mwr. gov. cn/zwzc/zcfg/xzfghfgxwj/201212/t20121213_334888. html.

［133］第十一届全国人民代表大会第四次会议. 国民经济和社会发展第十二个五年规划纲要［DB/OL］（2011-03-17）. http：//www. moa. gov. cn/fwllm/jjps/201103/t20110317_1949003. html.

［134］中华人民共和国水利部. 国务院批复《长江流域综合规划》［DB/OL］. http：//www. mwr. gov. cn/sl2x/slyw/201301/t20130104_335943. html. 2013-01-04.

［135］中华人民共和国水利部. 国务院批复《辽河流域综合规划》［DB/OL］（2013-01-

04）．http：//www. mwr. gov. cn/zwzc/zcfg/xzfghfgxwj/201301/t 20130107_336199. html.

［136］国家林业局政府网．水利部发布《节水型社会建设"十二五"规划》［DB/OL］（2012-03-19）．http：//lyth. forest. gov. cn/portal/thw/s/1807/content-532974. html.

［137］矫勇．《全国水资源综合规划》解读［DB/OL］（2013-04-11）．http：//www. cin. cn/renwu/renwu_zlshow. aspx？cid = 97962876 - 75b7 - 436a - 80cc - 2957aa8c7c31&id = 03a3aac1-21da-46c0-903c-af25c8a2408c.

［138］国家发展改革委．水利部．住房城乡建设部．关于印发水利发展规划（2011—2015年）的通知［EB/OL］（2012-06-26）．http：//www. nea. gov. cn/2012-06/26/c_1316773331. html.